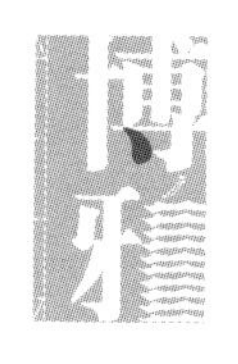

21世纪数字媒体专业规划教材

数字摄影基础

王朋娇 主　编

石中军 副主编

丁　男　董二林　刘雅文　时慧娴　田　华 参　编

北京大学出版社
PEKING UNIVERSITY PRESS

图书在版编目 (CIP) 数据

数字摄影基础 / 王朋娇主编 . —北京：北京大学出版社，2017.5
（21 世纪数字媒体专业规划教材）
ISBN 978-7-301-26846-9

Ⅰ . ①数… Ⅱ . ①王… Ⅲ . ①数字照相机—摄影技术—高等学校—教材 Ⅳ . ① TB86 ② J41

中国版本图书馆 CIP 数据核字 (2016) 第 025146 号

书　　名	数字摄影基础 SHUZI SHEYING JICHU
著作责任者	王朋娇　主编
责任编辑	唐知涵　李奕奕
标准书号	ISBN 978-7-301-26846-9
出版发行	北京大学出版社
地　　址	北京市海淀区成府路 205 号　100871
网　　址	http://www. pup. cn　　新浪微博 : @ 北京大学出版社
微信公众号	通识书苑（微信号 :sartspk）　科学元典（微信号 :kexuevuandian）
电子邮箱	编辑部 jyzx@pup.cn　　总编室 zpup@pup.cn
电　　话	邮购部 62752015　发行部 62750672　编辑部 62753056
印 刷 者	三河市北燕印装有限公司
经 销 者	新华书店 787 毫米 ×1092 毫米　16 开本　15.5 印张　290 千字 2017 年 5 月第 1 版　2024 年 7 月第 6 次印刷
定　　价	49. 00 元

内容简介

本教材整体构架完全来源于教学实际，书中的大部分案例来源于学生的摄影实践作品，内容编排以学生特点和需要为前提。本教材最大的特点是绕开晦涩的摄影技术原理，重点讲述摄影作品创作的方法和理念，大部分知识点都配有非常契合讲解内容的精美图片，让学生在实际学习中不断进行自主探究、反思、实践学习，从而达到“授人以渔”的目的。

本教材涵盖了以下几方面内容：数码照相机、摄影构图、光的造型、曝光与测光、色彩的运用、专题数字摄影实践、数码暗房的相关软件及其使用技巧。本教材图文并茂，内容贴近学生摄影创作实际，为学生的摄影创作提供了很好的理论指导和实践指导，非常适合作为高等学校、中等专业学校数字摄影必修及选修教材，也可以作为摄影培训教材，同时也适合摄影爱好者阅读。

前　言

21世纪是一个数字化的时代。数字时代给摄影领域带来了翻天覆地的变化，数码影像成为每个人生活中不可或缺的一部分，我们正在经历和参与一个“读图时代”的蓬勃发展。

数字摄影是技术与艺术的结合，也是一种文化；数字摄影既是一种媒介，又是陶冶情操、提高审美的工具。数字摄影教育不但能培养学生积极向上的心理素质，更重要的是能提升艺术鉴赏能力和审美情趣。目前，中国的数字摄影教育正在蓬勃发展，数字媒体艺术、新闻与传播、广告、广播电视编导、美术等专业都开设数字摄影课程。关于数字摄影的书籍很多，其中不乏经典之作，但是具有明显校园特色，适合用于校园教学的数字摄影教材相对较少。鉴于此，我们根据实际教学需求，结合教学经验，群策群力编写了此教材。

本教材具有三方面的特色：第一，贴近教学实际。本书的大部分案例来源于学生的实践作品，整体内容讲述以学生需要为前提，专题摄影中的大部分内容从学生特点考虑，设置的专题内容都是学生身边的人和事，充分体现以学生为本的教学理念；第二，内容图文并茂。每一个知识点都讲得详细、透彻，绕开晦涩的技术原理，重点讲述方法和理念，并且配有非常契合讲解内容的精美图片，让学生在实际学习中不断进行自主探究，从而达到“授人以渔”的目的；第三，注重知识拓展。书中设置了大量的“知识卡片”，对书中的内容进行大量的拓展，扩大学习范围，满足个性学习的需要，同时为学生学习留下了充分的探究空间。

本教材涵盖了以下几方面内容：首先，详细介绍了数码相机的相关内容，使读者能够充分了解和掌握摄影器材；其次，对数字摄影相关技术进行了阐述，包括摄影构图、光的造型、曝光与测光、色彩的运用等。除此之外，通过专题数字摄影实践的形式，对不同类型的数字摄影创作进行了详细的阐述；最后，介绍了数码暗房的相关软件及其使用技巧。

本教材由王朋娇担任主编，石中军担任副主编。本教材编写分工如下：第一章由王朋娇编写；第二章由石中军、王朋娇编写；第三章由王朋娇、刘雅文、田华编写；第四章第一节、第二节、第三节、第五节由王朋娇编写；第四章第四节由董二林编写；第五章由丁男、时慧娴编写；第六章、第七章由石中军编写。

本教材采用了很多学生的优秀摄影习作，在此向我的学生们表示感谢。同时，本教材采用的很多优秀摄影作品均为教学所用，绝不做商业用途，特此说明，并对摄影作品著作权人或相关权利人谨致谢意。由于时间和联系方式等方面的多种原因，有些图片的引用没有来得及征得作者的同意，在此深表歉意。如果作者不同意引用图片，请与我们联系，以便我们再版时予以修改，联系方式为 wangpengjiao@sina.com。

在编写本教程的过程中，参考和引用了国内外有关摄影方面的文献资料，吸收了很多国内外摄影专家、学者的真知灼见，我们向这些研究成果的作者表示衷心的感谢。

虽然在多年的教学工作经验基础上编写了本教程，但是由于我们的能力有限，书中难免存在一些问题和不足，恳请各位同仁和读者就本教程中的有关内容提出批评和建议。

编者

2017 年春于大连

目　　录

第一章　数码照相机

学习目标

1. 了解数码相机的基本组成
2. 熟悉相机的各个拍摄模式
3. 能够熟练设置数码相机的相关参数
4. 掌握镜头的相关特性
5. 掌握光圈的使用
6. 掌握快门的使用
7. 熟悉数码相机的相关配件

在当今科技迅速发展的时代，摄影器材越来越精巧，自动化程度越来越高，操作越来越方便，从而使摄影者能用更多的精力研究构图和用光，以增强摄影作品的艺术效果。但是“工欲善其事，必先利其器”，摄影者首先要掌握摄影工具尤其照相机的基本结构和原理，熟悉它们能产生的摄影画面效果。一旦摄影技巧运用自如后，摄影者就不会仅仅满足于拍摄出清晰的照片，更多关注摄影画面的构成、摄影题材的选择、摄影主题的表现方法等。

数码照相机，英文全称为 Digital Still Camera（DSC），简称为 Digital Camera（DC），是一种利用光电传感器把光学影像转换成电子数据的照相机。本章我们将从多方面了解和学习有关数码照相机的知识，使拍摄画面更充实、更灵动，从而感受到摄影审美的愉悦。

第一节　数码照相机的基本组成

数码照相机是获取数码图像的主要工具。数码照相机主要由机身、镜头、光圈、快门、图像传感器、模/数转换器、数字影像处理器、图像存储器、取景器、外接设备接口、输出接口、电源系统等组成。

一、镜头

镜头是运用光的直线传播性质和光的反射、折射定律，以光子为载体，把某一瞬间的被摄景物的光信息能量经摄影镜头传递给图像传感器的部件。数码照相机的镜头相当于一块凸透镜，主要作用是把光线汇聚起来，在图像传感器中形成一个清晰的“图像”，如图 1-1 所示。图像传感器再将进入镜头的成像光线转变为影像的电信号，数码照相机中的模/数转换元件将影像的电信号转变为图像的数字信号，图像的数字信号存储在图像存储器上成为可视的影像。图像传感器本身不存储图像信号，但图像传感器的质量是决定数码图像质量的重要因素之一。

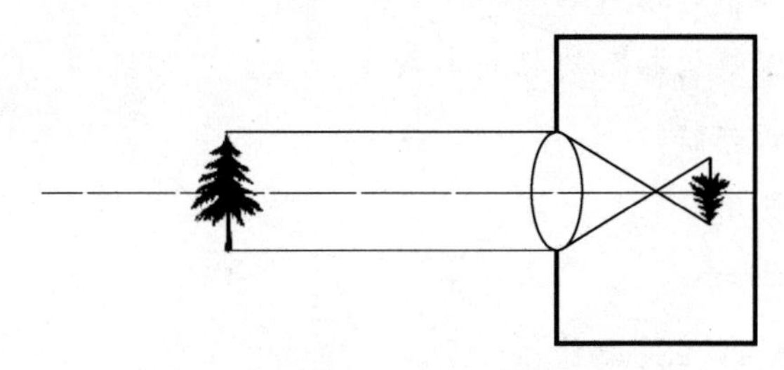

图 1-1　数码照相机的成像原理示意图

从数码照相机成像原理可以看出，镜头是数码照相机成像的关键部件，镜头的性能水平和质量也会直接影响成像质量。关于镜头的具体阐述请看本章第五节。

二、光圈

光圈是由许多活动的金属叶片组成的，装在镜头的透镜中间。在数码照相机的菜单或设置中设定光圈系数大小能使其均匀地开合，调整成大小不同的光孔，控制进入镜头到达图像传感器光线的多少，以适应不同的拍摄需要和获得正确曝光。光圈大小是用光圈系数 f 值表示的，如 f/2. 8、f/4、f/8 等。关于光圈应用的具体阐述请看本章第六节。

三、快门

数码照相机的快门是用来调节、控制光线通过镜头到达图像传感器时间的装置。它遮挡在图像传感器的前面，一般情况下处于关闭状态。只有在按动快门按钮时才会打开，其打开的时间就是根据设定的快门速度决定的。可以说快门是从时间上控制曝光的一种计时装置，计时单位为秒(s)。关于快门的具体阐述请看本章第七节。

四、图像传感器

图像传感器是数码相机的核心部件，主要有CCD和CMOS两种，如图1-2、图1-3所示。它将进入镜头的成像光线，转变为影像的电信号，再由相机中的模/数转换器将影像的电信号转变为影像的数字信号。最后，影像的数字信号被存储在相机中的存储媒介上。

图像传感器本身不存储影像信号，但是存储在存储媒介上的数码影像质量却是由CCD的质量决定的。图像传感器所含像素越高，成像越清晰，可以输出照片的幅面越大，但是数码影像文件也就越大。

图1-2　CCD

图1-3　CMOS

（一）CCD图像传感器

CCD是英文Charge Couple Device的首字母缩写，意为“电耦合器件”或“图像传感器”。图像传感器的感光原理是：CCD感光元件的表面具有储存电荷的能力，并以矩阵的方式排列，当光线照射其表面时，会将电荷的变化转变成电信号，整个CCD上所有的感光元件产生的信号经过计算机处理还原成一个完整的图像。CCD是两层结构，上面一层是马赛克状的彩色滤镜，下面一层是感光元件，光线经过彩色滤镜照射在下层的感光元件上，每个彩色滤镜下方的像素只能感应该颜色光线。其中，红色和蓝色像素各占总像素的25％，绿色像素占总像素的50％。然后由数码相机的CPU将三种像素处理还原成为拍摄时的色彩。

CCD的缺点如下：一是分辨率提高到一定程度后再提高就很困难。二是每个像素的色彩由3个像素合成，很难精确地还原色彩。三是制造技术复杂，成品率低，造价高昂。

（二）CMOS光电传感器

CMOS是英文Compiementary Metal-Oxide Semiconductor的首字母缩写，意为“互补金属氧化物半导体”。是指利用硅和锗这两种元素制成的感光元件。CMOS感光原理与CCD不同，它上面共存在着带有正、负电荷的半导体，这两个互补效应所产生的电流经过处理芯片的处理就成为图像。

CMOS采用了类似于传统胶片的感光原理，将蓝、绿、红3层感光材料叠在一起，按照光线吸收波长的不同“逐层感色”，蓝色光在离感光元件0.2m时开始被吸收，绿色光在离感光元件0.6m时被吸收。这样一个像素即可还原色彩，与总像素相同的CCD相比，不仅分辨率大大提高，而且色彩还原准确。

知识卡片

CCD与CMOS两种感光元件的区别

由两种感光器件的工作原理可以看出，CCD的优势在于成像质量好，但是由于制造工艺复杂，只有少数的厂商能够掌握，所以导致制造成本居高不下，特别是大型CCD，价格非常高昂。

在相同分辨率下，CMOS价格比CCD便宜，但是CMOS器件产生的图像质量相比CCD来说要低一些，非常省电。CMOS主要问题是在处理快速变化的影像时，由于电流变化过于频繁而过热。

五、模/数转换器(A/D)

模/数转换器简称为A/D转换器，如图1-4所示，是把CCD或CMOS接收到的光信号转变成数字信号的装置。通常的模/数转换器是将一个输入电压信号转换为一个输出的数字信号。由于数字信号本身不具有实际意义，仅仅表示一个相对大小，因此任何一个模/数转换器都需要一个参考模拟量作为转换的标准，比较常见的参考标准为最大的可转换信号大小。而输出的数字量则表示输入信号相对于参考信号的大小。

图1-4 模/数转换器

模/数转换器最重要的参数是转换的精度与转换速率，通常用输出的数字信号的二进制位数的多少表示精度，用每秒转换的次数来表示速率。转换器能够准确输出的数字信号的位数越多,表示转换器能够分辨输入信号的能力越强,转换器的性能也就越好。

六、数字影像处理器

数字影像处理器是固化在数码照相机主机板上的一个大型的集成电路芯片,如图 1-5 所示,主要功能是对模/数转换器转换的数字信号信息进行处理,用于数码图像的显示、压缩、存储等。它在数码照相机的整个工作过程中起到了非常关键的作用,相当于数码照相机的“大脑”。相机能拍摄出什么样的图片,最终是经过影像处理器的处理之后,才能展现出来的。同时,影像处理器还控制开机速度、对焦速度、拍摄间隔和电池续航能力等。

图 1-5　数字影像处理器

七、图像存储器

数码照相机利用图像存储器存储数码图像,大部分数码照相机所用的图像存储器为可移动的存储卡。对存储卡内的图像文件,可以删除单张,也可以进行格式化全部删除。删除部分图像或格式化后,释放出空间的存储卡可供反复使用。

存储卡可随时装入数码照相机或从数码照相机中取出,在其存储空间用完后,可以更换另外的存储卡,就像换胶卷一样。存储卡内的图像可以通过数码照相机与计算机的连接下载到计算机,也可以通过读卡器下载到计算机。

存储卡的容量有 16GB、32GB、64GB、128GB、256GB 等,可以根据需要选用。存储卡的容量越大,可拍摄的照片数量越多。当然还与设置的照片分辨率和选择的压缩比有密切关联,分辨率低、压缩比大时,可以存储照片的数量较多。

目前,在数码照相机上使用的存储卡有 CF 卡、SD 卡、记忆棒、XD 卡等,种类如图 1-6 所示。

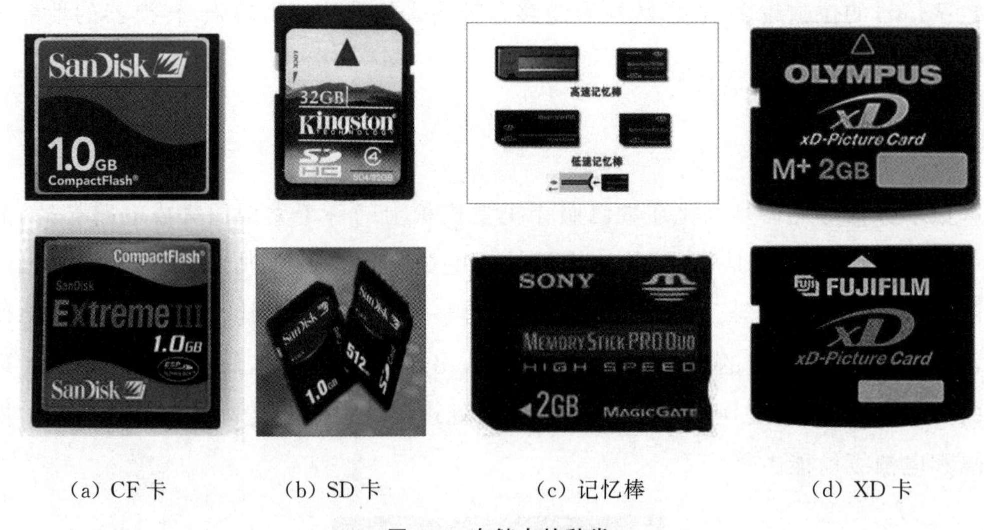

(a) CF 卡　　(b) SD 卡　　(c) 记忆棒　　(d) XD 卡

图 1-6　存储卡的种类

八、取景器

取景器是用来构图的装置，即通过取景器可确定画面的范围和布局。数码照相机常用的取景器有以下几种。

(一) LCD 取景器

大部分简易数码照相机都采用机背上的彩色 LCD 取景器取景，如图 1-7 所示，取景直观方便，能达到“所见即所得”的效果。LCD 还可以回放存储在存储卡里的照片或动画。LCD 除了显示拍摄的景物外，还能显示每次拍摄所必要的所有信息，包括当前拍摄模式、拍摄张数、快门速度、光圈大小及曝光补偿等，以备拍摄者确认所有的摄影技术参数。

图 1-7　LCD

大多数码照相机还有一个光学取景器。简易数码照相机采用的是平视旁轴取景器，高档数码照相机采用的是单镜头反光取景器。

（二）光学取景器

在数码照相机机身的顶部有一个光学取景器，取景器的光轴与镜头的光轴是平行的，但不同轴，所以称为旁轴，如图 1-8 所示。这种取景器体积小巧，但取景有视差。取景器通常置于镜头上方或侧方，从光学取景器上看到的影像与镜头在图像传感器上的成像是不同的，在近距离拍摄中，视差更为明显。

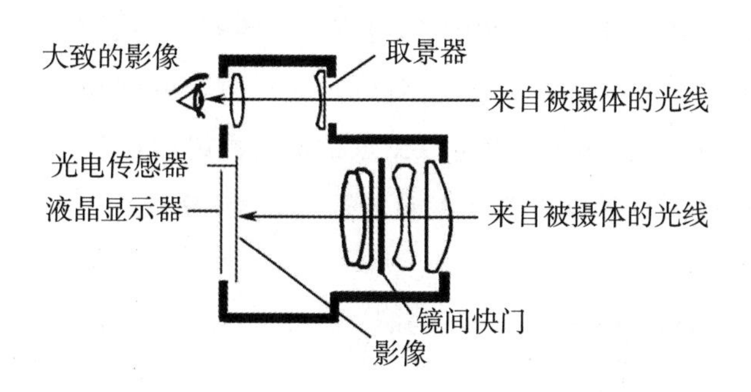

图 1-8　平视旁轴取景器光路示意图和实物图（仅供参考）

（三）单镜头反光取景器（TTL）

数码照相机的取景和拍摄使用同一镜头，如图 1-9 所示，拍摄时没有“视差”存在。摄影镜头与图像传感器之间有一个与光学主轴成 45°角的反光镜，取景影像通过反光镜显示在机身上方的调焦屏上形成实像。然后，通过屋脊式五棱镜反射至取景器上，这时可以观察到与图像传感器平面上同样清晰的正立影像。当按下“快门”按钮时，反光镜先行抬起，然后打开快门，使光线通过镜头直接射向图像传感器而进行曝光，如图 1-10 所示。曝光结束后，快门关闭，反光镜复位。

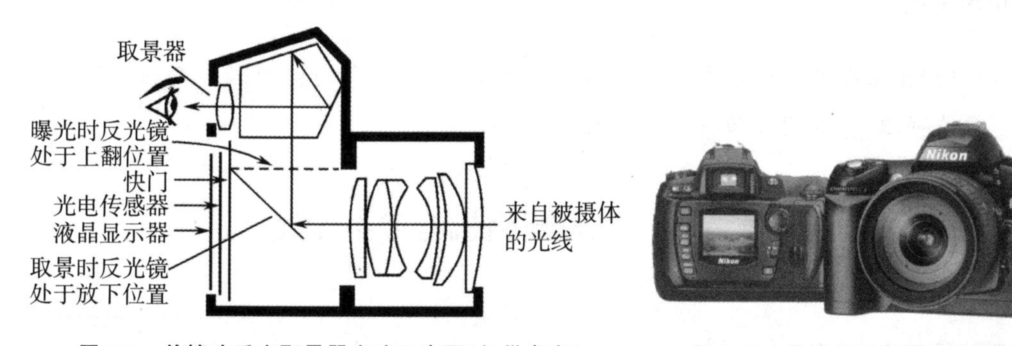

图 1-9　单镜头反光取景器光路示意图（仅供参考）

图 1-10　单镜头反光相机实物图

（四）电子取景器（EVF）

EVF 即电子取景器（Electronic View Finder）。电子取景器可以看作是 LCD 取景器的缩小版并结合了单反取景器的特点。电子取景器和 LCD 一样，具备极低的视差、易用等优点，而且电子取景器置于机身内部。

九、外接设备接口

相机的外接设备接口一般在机身侧面，但是必须注意，不同型号的相机功能按钮的多少和所处的位置都有所不同，实际情况请仔细阅读数码照相机说明书。

数码照相机的输出接口有数码(DIGITAL)接口和音频/视频(A/V OUT)接口。数码接口用于与计算机、打印机等的连接；音频/视频接口用于与电视机的连接。将音频/视频连线的一端插入数码照相机上的 A/V OUT 接口，另一端插入电视机上的视频输入及音频输入插孔。开启电视，把它切换到视频模式，就可以浏览拍摄的数码照片。

注意：如在我国国内使用，在数码相机的菜单中要把电视制式选择为“PAL”。

彩色电视机制式

在彩色电视机中，发送端和接收端都要采取某种特定的方法对三基色信号(红、绿、蓝)和亮度信号加以处理。不同的处理方法构成了不同的电视机制式。目前，世界上广为应用的三种彩色电视机制式，即 PAL 制、NTSC 制和 SECAM 制。中国、德国、英国主要采用 PAL 制。日本、美国、加拿大、韩国、菲律宾主要采用 NTSC 制。法国、俄罗斯、东欧地区及部分非洲国家主要采用 SECAM 制。

十、电源系统

数码照相机电源可用锂电池、镍氢电池、AA 电池，耗电设备有闪光灯、液晶显示屏、图像传感器、存储器和数据处理芯片等。

第二节 数码照相机的参数设定

一、感光度的设定

感光度是摄影时确定正确曝光组合的主要依据之一，对摄影画面的质量有直接的影响。

(一) 感光度的概念

感光度是数码照相机中的图像传感器对光线敏感程度的量化参数，感光度越高，图像传感器对光线就越敏感。感光度用ISO来表示，“ISO感光度”在数字上等同于胶片感光速度。大部分数码照相机的ISO感光度可设定为200～3200，并以1/3EV的步长进行调整。

ISO感光度可在拍摄菜单中调整，也可通过按下“ISO按钮”并旋转主指令盘依据所需设定。

（二）感光度与曝光量的关系

在同样的光线条件下，数码相机设定的感光度不同，图像传感器所获得的曝光量也不同。ISO感光度越高，曝光时所需要的光线就越少，从而可以设定较快的快门速度或者较小的光圈。

例如，设定ISO 200时，图像传感器对光线的敏感度是设定为ISO 100时的2倍。就是说用ISO 200拍摄某一景物，如果使用的曝光组合是1/125s，f/16，那么拍同一景物若使用ISO 100则需加大一级光圈，即1/125s，f/11或相当量的曝光量。如果使用ISO 400拍摄，快门速度仍为1/125s，应使用光圈为f/22。

（三）感光度和画质的关系

较高感光度（如ISO 400、ISO 800）给拍摄带来很大灵活性，在室内不用闪光灯就能取得前后景物自然平衡的效果。但高感光度拍摄会使得照片的粗微粒变得严重，图像变得粗糙（噪点），同时也会损失更多的图像细节，同时摄影画面的色彩饱和度也会受到影响。所以在使用数码照相机拍摄时，应尽可能采用中、低感光度拍摄。感光度越低，拍出来的照片噪点越少，画面越细致。因此在拍摄人像（特别是女性和儿童）、商品时，要尽量使用低感光度进行拍摄，以表现人物细滑的皮肤质感和细腻的产品质地。

（四）感光度与拍摄环境

不同的感光度有不同的适用环境。表1-1给出了不同环境下感光度设定的参考数值，供拍摄时选用。

表1-1　拍摄环境与感光度设定关系表

环境	光线强弱	感光度（ISO）
户外的风景和人物	晴天阳光正常	100
户外抓拍、运动摄影	阴天户外、户外较暗 阴影及光线充足的室内	200
室内	室内正常光线	400
夜间及较暗的室内	无明显光源	400以上

二、白平衡的调整

（一）色温

通常，我们用色温来描述光的颜色，色温是指光源中所含的光谱成分。在物理学上，铁、钨等标准黑体以其绝对温度的零度（273℃）为起点，当加热到一定温度时，就能呈现出有颜色的可见光，而且这种可见光的颜色将随着温度的升高而变化。开始加热时，它的颜色是黑色，随之变红，如继续加热，黑铁由红变黄，后又变白，再变蓝。由于一定的温度显示出一定的颜色，所以人们就用温度的数值来说明光源的颜色成分，这种温度就可以称为该光源的色温。

注意：色温不是测量光线冷热的温度，而是测量光源中所含的光谱成分，而光谱成分主要是看光源中短波光线与长波光线的比例。如果光谱成分中的短波光线所占比例增大，长波光线所占比例减少，色温就升高。色温越高，光就越带蓝色。反之，光谱成分中的长波光线所占比例增加，短波光线所占比例就减少，色温就降低。色温越低，光就越带红色。

色温的计量单位是K（开尔文）。常见自然光线的色温参见表1-2。

表1-2　常见自然光线的色温表

日光的色温		天空的色温	
日出、日落时	1850K	薄云遮日天	6400～6900K
日出后、日落前1h	3500K	厚云遮日天	7000～7500K
日出后、日落前2h	4400～4600K	雨雪天	7500～8400K
中午日光	5300～5500K	蔚蓝天	10000～20000K

光源不同，色温也不同。日光的色温一般是5500K左右，而灯光的色温只有3200K。色温不同，对于我们正确地辨别物体的颜色有很大的影响。在日光与灯光下，物体会呈现出不同的色彩。

（二）白平衡

数码照相机的图像传感器相当敏感，在不同光线下，由于图像传感器输出的不平衡性，造成色彩还原失真，导致数码图像整体偏蓝或偏红。为了保证色彩的准确还原，数码照相机设置了白平衡调整装置，可以根据光源色温的不同，调节图像传感器的各个色彩感应强度，使色彩平衡。由于白色的物体在不同的光照下也能被人眼确认为白色，所以白色就作为其他色彩平衡的标准，或者说当白色正确地反应成白色时，其他的色彩也就正确、平衡，这就是白平衡的含义。

（三）白平衡调整

白平衡调整的目的是得到准确的色彩还原。数码照相机设置了白平衡调整装置，预设了一些常见光源的色温，以适应不同拍摄光源的要求。数码照相机一般设有自动白平衡、日光、阴影、多云、钨丝灯、荧光灯、闪光灯、自定义等模式，如图 1-11 所示。当拍摄的时候，只要设定在相应的白平衡位置，就可以得到自然色彩的准确还原。

AWB

（a）自动白平衡（b）日光　（c）阴影　（d）多云　（e）钨丝灯　（f）荧火灯　（g）闪光灯　（h）自定义

图 1-11　常用的白平衡模式

（四）白平衡包围曝光

白平衡包围曝光是指按照意图偏移白平衡连续拍摄多张照片的功能。在自动白平衡模式下，设定基准值后就可以拍摄，只要拍摄一张照片就能生成三张不同白平衡的照片。以基准值为中心实现从红色系到蓝色系，或者从绿色系到品红色系的色调补偿。

（五）手动设置白平衡的方法

大部分数码照相机设有自动白平衡，可适应大部分色温。但遇到光源复杂时，自动白平衡也容易失误，为了应对混合光源的特殊色温，还原真实色彩，可以手动设置数码照相机的白平衡。调整程序如下：

（1）将一张白纸处于现场光照射下。

（2）打开数码照相机，通过菜单调出手动调整白平衡设定功能。

（3）将镜头对准白纸，按照数码照相机的操作提示，移动照相机位置或推拉变焦让白纸充满画面后，按下“快门”按钮，即完成设定。

（4）手动设置白平衡要注意关闭相机曝光补偿。

三、直方图

（一）直方图

随着数码照相机图像处理技术的不断发展，越来越多的照相机内置了直方图的功能。直方图是为了更形象、直观地表达图像中各种颜色的分布和取值而建立的一种图标，它用来描述图像中所有颜色值的像素分布。直方图既可以在数码照相机取景时显示在取景器上，也可以在图片浏览过程中显示在取景器上。

X 轴代表色阶，色阶是一种或几种颜色从浅到深的梯度表现，在视觉上它能反映亮和暗的变化，从左到右取值为 0～255，从最暗到最亮。Y 轴代表色阶的像素数量。依据直方图的分布规律可以判断图像的明亮程度，进而对图像的表现效果进行调整。

（二）直方图的查看

取景时，由于数码照相机的取景器本身像素数量的限制，再加上现场光线的干扰，单凭取景器上的图像显示，往往很难判断拍摄的数码照片曝光不足或过度，尤其拍摄对象为强反光（亮色调）主体或弱反光（暗色调）主体时，或者拍摄亮背景暗主体和暗背景亮主体时，曝光失误就会更多。

在拍摄时或拍摄后，注意查看照片的直方图，则可以判断所拍摄的照片曝光是否正确，以便根据具体情况进行曝光补偿，从而获得满意的拍摄效果。由于每张照片的主体和场景不同，所以直方图也是不同的。通常，曝光正确的照片应该以中间影调为主，表现在直方图上，整个峰值区域几乎位于中心部位，从暗部到亮部区域基本均衡，就像连绵不断的山脉。曝光不足的照片反映在直方图上，峰值区域偏左。曝光过度的照片反映在直方图上，峰值区域偏右，如图 1-12 所示。

图 1-12　照片亮度与直方图关系

注意：直方图显示的是整个画面的情况，而不是被摄主体的情况。当被摄主体曝光准确时，可能存在背景曝光过度或不足的现象。整个峰值区域几乎位于中心部位，也可能出现主体曝光过度或曝光不足的情况。因此，在实际使用中应与曝光补偿功能配合才能达到最佳拍摄效果。

四、曝光补偿

曝光补偿也是控制曝光的一种方式。在一些特殊的环境下拍摄或者拍摄特殊的对象时，正常的曝光方式有时无法获取理想的画面，此时就需要结合曝光补偿的方式对画面的曝光量进行调整。现在的数码照相机大多都设有曝光补偿的功能，图标 一般代表“曝光补偿”按钮。

五、存储格式的选择

数码照片的影像质量首先是由数码照相机像素决定的，像素越高，分辨率也就越高，拍摄的数码照片也就越清晰。另外，照片的质量还取决于用什么格式来存储，目前常用的存储格式有 TIFF、JPEG、RAW 等。单从照片的外观上是看不出差别的，但每种格式有各自的特点与用途。

（一）TIFF 格式

优点：TIFF 格式是一种不压缩文件的存储格式，用这种格式存储照片能够保证完美的影像品质和最佳的影像效果。

缺点：用 TIFF 格式拍摄的照片文件很大，占用存储空间也大。

适用范围：对图片质量要求较高时使用，如高质量的画册、出版印刷、广告等。

（二）JPEG 格式

优点：JPEG 格式是压缩格式，通常以 1∶4、1∶8 或 1∶16 的压缩比例保存图像，以便更多图像可以存储在存储卡内。JPEG 格式的图片文件小，所占用的存储空间也小，存储速度快，对于连续拍摄很有利。

缺点：JPEG 格式是一种“有损压缩”格式，这种格式会让图像丢失信息。压缩后的图像原始数据是不可以复原的，即经过处理后，再也无法取回原始的数据。

适应范围：一般用于网上图片或做一般性的影像记录。

（三）RAW 格式

RAW 格式可以直接记录照相机图像传感器捕捉的数据，不加任何处理。虽然图像在记录时有压缩，但是原始数据可以完全复原，在解压后可得到高画质的图像，画质并无任何损失。虽然 RAW 格式图像文件比 JPEG 格式文件大，但它大约只有未压缩 TIFF 格式文件的四分之一。

六、影像尺寸和品质

影像尺寸是指组成每幅图像的像素数。为了获得最高的图像质量，应该使用最大的可用图像尺寸。这样就可以打印较大尺寸的照片，或者具有较高的输出分辨率。还可以更为随意地裁减图像，轻松地调整图像的大小，让它变小的同时仍保持原始内容完整。

影像品质通常是指选择文件格式以及文件的压缩级别。多数相机提供两种或三种 JPEG 压缩级别，一般选择最佳质量设置，虽然这样文件较大，但却尽可能地保证了最高质量。

第三节　数码照相机的调焦

在拍摄过程中,调焦起着至关重要的作用,因为它直接决定摄影作品的清晰度。调焦装置一般都设在镜头中。调焦准确时,能在图像传感器上获得最清晰的图像。

一、调焦的定义

数码照相机的镜头相当于一块凸透镜,用于成像。摄影时,确定了拍摄主体和拍摄点后,主体通过镜头成像不一定正好在图像传感器上,这时就要通过调焦装置(调焦环)沿光轴方向前后移动镜头,改变物距、像距或焦距以调整成像平面的位置,这个过程称为调焦。调焦距离标尺刻在镜头调焦环上,其数值指被摄主体到镜头的距离。

二、调焦模式的选择

根据物距的远近来改变像距,就是调焦,调焦是靠镜头前后移动来实现的。数码相机一般有自动调焦、手动调焦、多重调焦等几种调焦模式。

(一) 自动调焦

自动调焦是数码照相机的自动化功能,它利用电子测距器自动进行调焦,免去拍摄者手动调焦的麻烦,使拍摄者能集中精力抓拍精彩瞬间画面,又能保证被摄主体成像清晰。自动调焦数码照相机对于拍摄运动物体十分方便。

自动调焦数码照相机的取景器中心部位,有一长方形的自动调焦目标区,照相机是针对该目标区内的景物部位进行自动调焦的。所以拍摄时要将自动调焦目标区对准被摄主体,才能拍摄出清晰的影像,如不对准被摄主体,主体便不清晰。

如果拍摄主体不在画面的正中央,可以先把取景器中心的自动调焦目标区对准被摄主体调好焦距,然后使用照相机上的自动调焦锁定按钮(通常是轻轻按下一半快门钮不松手,即能锁定自动调焦),根据拍摄的意图重新构图,原先的自动调焦点就不会变化。

自动调焦的常见类型有双像对称式光电自动调焦系统、超声波自动调焦系统、红外线自动调焦系统、眼控自动调焦系统等。拍摄前,请阅读数码照相机的说明书,了解数码照相机是哪种调焦类型,以便针对具体拍摄情况做出调整,避免调焦失误,影响摄影画面。

1. 双像对称式光电自动调焦系统

双像对称式光电自动调焦系统内装有两块反光镜,一块是固定不动的,另一块则能够活动。自动调焦目标区域内的被摄体在这两块反光镜上分别产生影像,照相机内的光敏元件从这两块反光镜得到两个影像信息，输入电子电路进行对比，并且通过电子电路指令照相机内的镜头制动装置伸缩镜头，完成自动调焦。摄影镜头上的制动装置即为驱动、停止摄影镜头伸缩的装置。这种装置有采用微型电动机的，也有采用电磁铁加弹簧、启动、制动爪等机械装置的。

整个自动调焦过程仅在快门开启前的一瞬间完成。但是在暗弱光线条件下，被摄体明暗反差小，或者拍摄近景时形状类似、重复的图案（如草地）等，自动调焦往往会失灵。

2. 超声波自动调焦系统

这种系统又称为声纳自动调焦系统，是采用超声波的发射与回收的方式来进行自动调焦的。在测距时，照相机上的超声振动器发射出一个持续时间为 1/1000s 的超声波信号，当这个信号到达自动调焦目标区内的被摄体后，会立即返回，被照相机上的接收器感知，晶体振子时钟再根据信号往返时间测量出被摄体至照相机的距离，并指令照相机内的微型电动机，完成自动调焦。

当拍摄吸收超声波的物体时，如拍摄烟云或水中的物体，这种自动调焦的方式往往会失灵。

3. 红外线自动调焦系统

采用这种自动调焦系统的照相机上装有两个测距窗，一个测距窗内装有一只红外线发光二极管，在拍摄时当按下快门的一瞬间，便发射出一束红外线对被摄体进行扫描。这时照相机镜头被机械推动，从最近调焦点向物距无穷远运动，另一个测距窗作为物体反射光接收器，并输入微型电子计算机，将红外光信号变为电信号，接收器向摄影镜头输送调焦信号，指令照相机内的镜头制动装置伸缩镜头，完成自动调焦。

红外线自动调焦准确、迅速，在夜间或弱光的环境中拍摄也能正常地进行自动调焦。但是拍摄水下景物、太阳、雨等吸收红外线的物体时，调焦容易失灵。拍摄倾斜面光滑的物体时，因为表面光滑光线朝其他方向反射，所以不按原路返回，自动调焦也易失灵，应该特别注意。

4. 眼控自动调焦系统

眼控自动调焦系统是 20 世纪 90 年代由佳能公司首创的新颖、先进的自动调焦方式。眼控自动调焦系统由包括眼球照射系统在内的视线检测光学系统、眼球像检测与视线方向检测运算系统以及显示系统构成。它的工作原理是，照相机内的微机对在传感器区域上感应到的眼球像的瞳孔中心，与红外发光二极管照射眼球时产生的角膜反射像位置关系，进行高速运算，根据运算结果求出眼球转动角度，然后测算出摄影者眼睛在取景器上所观察的位置，最后测定测距点并进行自动调焦。

（二）手动调焦

手动调焦是通过手工转动对焦环来调节数码照相机镜头位置，从而拍摄出清晰照片的一种对焦方式，这种方式很大程度上依赖人眼对对焦屏上的影像的判别，以及拍摄者的熟练程度甚至拍摄者的视力。

为了进行准确的调焦，照相机上都设置了调焦验证装置。

调焦验证装置位于照相机的取景器上，当转动调焦环（或调焦钮）对被摄主体调焦时，摄影者可通过取景器中的影像清晰程度或影像重合与否，验证调焦的准确程度。当从取景器中证明调焦已达到准确状态时，被摄主体就能在图像传感器上结成清晰的影像。这时调焦环上所指示的调焦距离值，正好是被摄主体到感光镜头的距离。常见的调焦验证装置有以下几种。

1. 双影重叠式

这种调焦方式多用于平视旁轴照相机。取景器中间有一个黄色圆形光斑，调焦时将光斑对准拍摄目标的突出部位，随着调焦环转动，在光斑的部位除显示一部分实像外，在实像的一侧还会隐约出现一部分虚像。当实像与虚像完全重合时，表示调焦准确，否则应重新调焦（继续转动调焦环）。

2. 磨砂玻璃式

若在取景器中的磨砂玻璃上看到的景物清晰，则调焦准确；若看到景物模糊，则调焦不准，应继续转动调焦环。采用这种调焦方式时主观观察对调焦的准确度有影响，为了提高调焦的准确性，应尽可能避免磨砂玻璃屏受外界明亮光线的干扰，如大型座机采用遮光黑布，小型数码照相机采用接目镜防光罩等。

3. 裂像调焦式

裂像调焦也叫截影调焦，用于单镜头反光照相机。在取景器中心，有一个用黑线标出的小圆圈，圆圈又被一条直线或一条斜线分切成两个半圆。当调焦时，将圆圈对准被摄体的突出部位，若物体出现“错位”被中央横线或斜线分割成两部分，说明调焦不准，如图 1-13 所示。这时继续转动调焦环，直至“错位”消失，即调焦准确，如图 1-14 所示。

图 1-13 调焦不准

图 1-14 调焦准确

裂像调焦式的调焦准确性比磨砂玻璃式要高出 5 倍以上。调焦时要选择景物有明显垂直线条的部位作为调焦对象。

4. 微棱镜式

在取景器中心一小圆圈外有一圈能闪亮的微棱镜，微棱显现并呈锯齿形破碎闪亮表示调焦不准。转动调焦环，直至微棱不再出现，即表示调焦准确。微棱镜式调焦只是对没有明显轮廓线条的景物对焦效果显著，镜头光圈越大，效果也越好。

（三）多重调焦

照相机厂商在制造数码照相机时，通常设有多点调焦功能，即多个调焦点区域，以满足不同拍摄效果的需求。当调焦中心不设置在摄影画面中心的时候，可以使用多点调焦。除了设置调焦点的位置，还可以设定调焦范围，以满足构图的需要。

如果数码照相机只设有一个调焦点区域，如图 1-15 所示，应先把照相机中间的调焦指示区域对准要拍摄的主体，半按快门进行自动调焦并锁定焦点。保持半按快门的状态，再多方位改变拍摄角度，根据拍摄意图、环境的影响和光线的变化等进行重新构图拍摄即可。

有的数码照相机设有三点自动调焦区域，如图 1-16 所示，还有的数码照相机设有五点或七点(如图 1-17 所示)自动调焦区域。摄影时，可以在不改变拍摄角度的情况下，选择不同位置的调焦点进行选择调焦，将调焦点选在最需要明确表达的主体上即可。

图 1-15 一个调焦点区域

图 1-16 三点自动调焦区域

图1-17 七点自动调焦区

第四节　数码照相机场景拍摄模式应用

拍摄模式，也称创意摄影。数码照相机设置很多场景的拍摄模式，如自动调整模式、手动模式、快门优先模式、光圈优先模式、人像拍摄模式、微距拍摄模式等。拍摄时，根据摄影作品创作主体的需要，可以通过照相机上的拍摄模式转盘（如图 1-18 所示）来选择相应的拍摄模式。

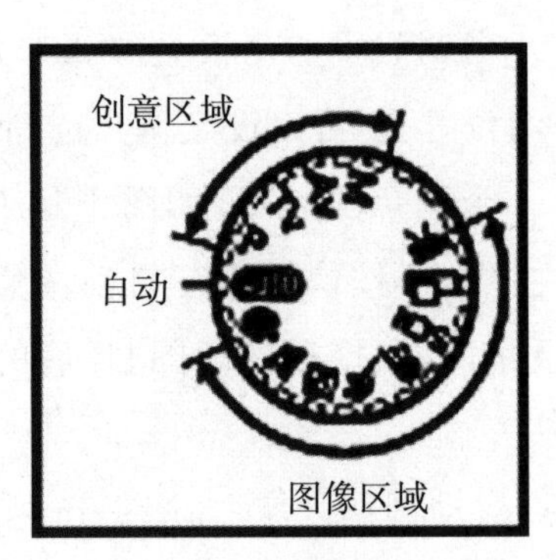

图 1-18　拍摄模式转盘

一、自动调整模式（AUTO）

在自动调整模式下，数码照相机自动调整焦距、曝光及白平衡，使拍摄更加容易。该种模式适用于被摄对象与背景之间反差不大且被摄对象被均匀照亮时，一般可以拍摄出比较理想的效果；但是，如果被摄对象与背景之间反差较大或被摄对象被不均匀照亮时，自动模式就很难拍摄出理想的效果。

二、手动模式（M-Manual）

在手动模式下，拍摄者可以根据自己摄影创作和拍摄场景的实际需要，手动调整快门速度和光圈值。虽然麻烦，但拍摄时可以控制照片的效果。

三、程序设置模式（P-Program）

光圈大小、快门速度完全由数码照相机内的微型计算机自行计算决定，与自动照相机相同，方便快速，但不一定拍得出我们所想要的效果。

四、快门优先模式（TV）

快门优先模式是拍摄者首先设定快门速度，数码照相机根据快门速度自动调整光圈大小，使总曝光量满足拍摄要求。快门速度的快慢直接影响着运动物体的清晰程度。快门速度越快，拍摄的运动物体就越清晰；快门速度越慢，拍摄的运动物体就越模糊，通过图 1-19、图 1-20 和图 1-21 的对比便一目了然。图 1-19 的快门速度是 1/500s，此时拍摄的喷泉水珠是被凝固的；图 1-20 的快门速度是 1/250s，此时的喷泉已经虚化；图 1-21 的快门速度是 1/8s，此时的喷泉已经变成了缥缈的白纱，有很强的动感。

快门优先模式多用于拍摄运动中的人与动物。例如，在拍摄运动场上奔跑的同学时，就可以提高快门速度，比如设为 1/500s，甚至更高，这样就可以把快速运动的同学拍清楚，如图 1-22 所示。

图 1-19 快门速度为 1/500s

图 1-20 快门速度为 1/250s

图 1-21 快门速度为 1/8s

图 1-22 《跨越》 摄影：朱俊华

五、光圈优先模式(AV)

光圈优先模式是拍摄者首先设定光圈大小，数码照相机根据光圈大小自动调整快门速度，使总曝光量满足拍摄要求。

使用光圈优先模式进行拍摄主要是为了控制景深。使用大光圈可以获得小景深，小景深模式通常用于虚化背景，突出主体，如图 1-23 所示。大景深模式通常用于风景的拍摄，为了表现广阔的大场面，通常选用小光圈来获取大景深，如图 1-24 所示。

图 1-23 《粉红佳人》 摄影：刘曲竹

图 1-24 《相映》 摄影：张来

六、人像模式

在人像模式下拍摄出的人物照片，其背景模糊，人物主体清晰，照片的景深比较小，如图 1-25 所示。选用人像模式时，在近距离内拍摄，效果会更好。

图 1-25 《人像》 摄影：王朋娇

七、风景模式

在风景模式下拍摄出来的照片近景和远景都非常清晰，照片的景深比较大，如图1-26所示。

图1-26 《九寨山水》 摄影：王朋娇

八、夜景模式

在夜间拍摄时，使用夜景模式可以得到很好的夜景的感觉，如图1-27所示。但是，在此模式下一般快门速度较慢，因此建议使用三脚架。

图1-27 《中华鼎》 摄影：杨茜

九、微距模式

拍摄一些尺寸较小的对象时，需要使用微距模式。使用微距模式拍摄的时候，建议将变焦调至长焦端。在微距模式下拍摄时，调焦范围非常窄，需要仔细调焦。如果调焦不准，很容易造成整个画面模糊。使用微距模式拍摄的花蕊如图 1-28 所示。

图 1-28 《心绿》 摄影：徐嫒

十、动态模式（运动模式）

动态模式可用于拍摄高速运动的物体，数码照相机会把快门速度调到较快，以保证拍摄的动体清晰，如图 1-29 所示。

图 1-29 选用动态模式拍摄

十一、慢速快门模式

使用慢速快门模式可以把移动的物体拍摄得很模糊。拍摄河流、喷泉、瀑布等可以选择这种模式，拍摄瀑布效果如图 1-30 所示。

图 1-30　《珍珠滩瀑布》　摄影：王朋娇

十二、辅助拼接模式

在拍摄很宽阔的场景时，往往拍摄一张照片不能把宽阔的场景记录下来，可以使用辅助拼接模式，通过对场景的多次拍摄，然后把几张照片拼接在一起，如图 1-31 所示。

图 1-31　选用辅助拼接模式拍摄

十三、短片模式

在短片模式下可以拍摄一段小的录像，并可以记录声音。

第五节　镜头

一、焦距

焦距是指当数码照相机镜头对准无限远的位置时，从数码照相机镜头中心到图像传感器的距离。镜头的焦距通常用“f”表示，标在镜头的前镜片压圈上或镜筒的外圆周上。数码照相机镜头上标的“24-70mm”或“18-200mm”字样，即是指镜头的焦距。

数码照相机镜头的焦距决定被摄景物在图像传感器上成像的大小。用不同焦距的镜头对同一距离位置的景物拍摄时，焦距越长，成像越大；焦距越短，成像越小，如图 1-32 所示。也就是说，当物像的比例关系确定后，使用长焦距的镜头拍摄，拍摄点可选得远些；反之，焦距越短，则越要靠近物体进行拍摄。

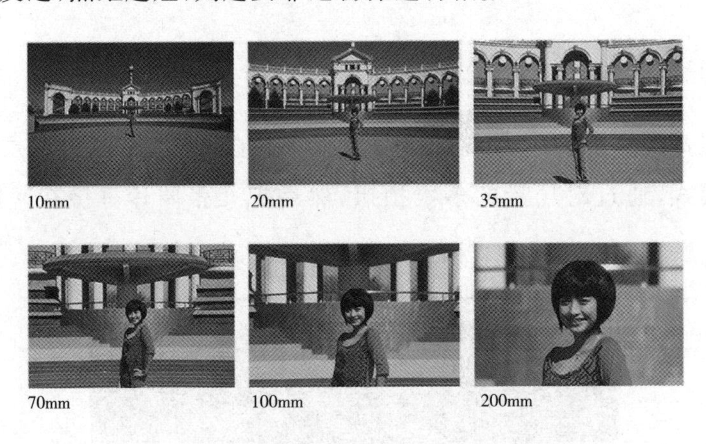

图 1-32　同一拍摄距离不同焦距镜头拍摄的照片

二、视场角

视场角是镜头能拍摄到景物范围的角度，它决定了在图像传感器上成像的空间范围。当画幅尺寸一定时，视场角与焦距成反比。焦距越长，视场角越小；焦距越短，视场角越大，如图 1-33 所示。视场角大意味着能近距离摄取范围较广的景物；视场角小意味着能远距离摄取范围较窄的景物，但是影像比率较大。

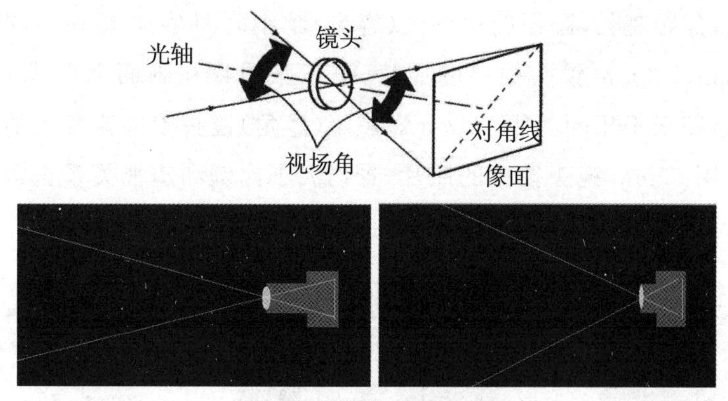

图 1-33　镜头焦距与视场角的关系

焦距还决定被摄景物在图像传感器上成像的景深范围。焦距越长，景深越小；焦距越短，景深越大。关于景深将在本章第六节阐述。

三、镜头的构造

镜头是由若干片透镜组成的。镜头的光学结构采用“透镜片组”表示，例如 17 片 13 组、15 片 12 组等，如图 1-34 所示。

镜头的“透镜片组”情况直接影响数码影像的质量。对同样性能的镜头，一般认为透镜片数越多，成像质量越好，但对性能不同的镜头则不然。

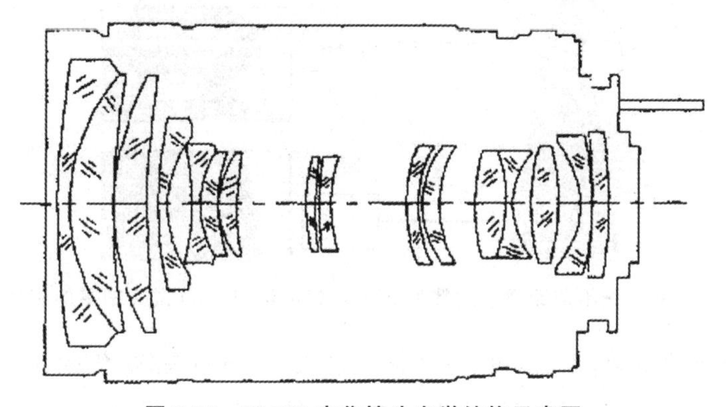

图 1-34　28-200 变焦镜头光学结构示意图

四、镜头的种类

数码照相机镜头根据焦距值能否调节，分为定焦距镜头和变焦距镜头两类。焦距固定的镜头，即为定焦距镜头；焦距可以调节变化的镜头，就是变焦距镜头。目前，大部分数码照相机使用的是变焦距镜头。

焦距不同，在同一距离拍摄的画面效果也不同。图 1-35 是在同一距离分别使用 28mm、100mm、300mm 镜头拍摄的照片，从画面中可以看出，焦距越短，画面的视场角(容量)越大;焦距越长,画面的视场角(容量)越小。图 1-36 是在不同距离,分别使用 28mm、50mm、135mm 镜头拍摄的照片,该三张照片在画面上形成同样大小的塑像,但是透视感却很不相同。用 28mm 短焦距(广角)镜头拍摄背景上的景物很小,空间感最强烈。用 50mm 镜头拍摄的照片,景物大小比例和透视关系正常,与人眼看到的基本一致,符合人的视觉习惯,令人感到特别亲切、自然。

图 1-35　在同一距离分别使用 28mm、100mm、300mm 镜头拍摄的照片

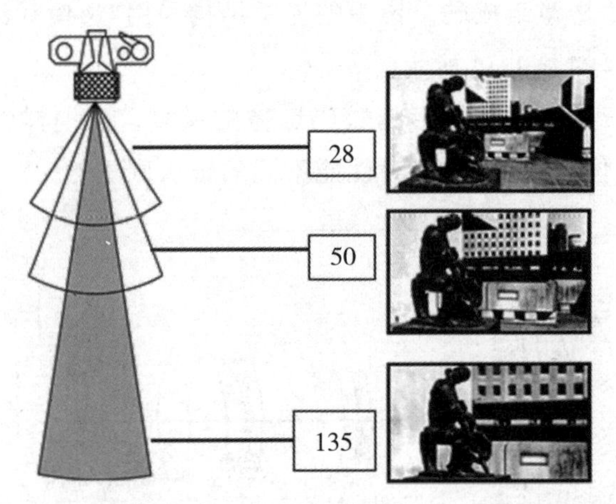

图 1-36　在不同距离分别使用 28mm、50mm、135mm 镜头拍摄的照片

根据焦距值的不同,镜头可以分为标准镜头、广角镜头(短焦距镜头)和长焦距镜头等。下面所阐述的镜头焦距值是以传统 135 胶片照相机为例。

(一) 标准镜头

标准镜头是最常用的一种镜头,135 照相机的标准镜头焦距为 50mm 左右,它的视场角在 53°左右。标准镜头有下述特点和用途。

1. 具有亲和力的视觉感受

用标准镜头拍摄的景物范围视角接近人眼视角,它是人眼观察景物的正常效果。用这种镜头拍摄的画面景物透视关系正常,符合人眼视觉习惯。图 1-37 是用标准镜头拍摄的图像,透视关系与人眼看到的基本一致,令人感到特别自然、逼真。

2. 拍摄题材广泛

它能够胜任旅游、风光、人像、生活、都市风貌以及小型团体照等。

3. 成像质量相对来说较高

各厂家生产的标准镜头通常技术成熟，各种像差得到了较好的矫正。

图 1-37 《牵手》 摄影：王朋娇

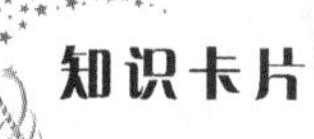

知识卡片

标准镜头的含义

（1）135 胶卷的尺寸为 24mm×36mm，所对应的标准镜头焦距为 50mm。注意：镜头直径 50mm 与焦距 50mm 不是一个概念。

（2）由于不同品牌和型号的数码相机图像传感器尺寸各不相同，因此它们所对应的标准镜头的焦距也不同。

（3）固定焦距的镜头不一定是标准镜头。

（二）广角（短焦距）镜头

广角镜头的焦距为 20－35mm，比标准镜头的焦距短。它的特点是视场角大，一般约在 75°～110°，广角镜头有下述特点和用途。

1. 以表现场面和气势见长

广角镜头的特点是视场角大，视野广，能在有限的距离内拍摄大面积的场景，并突出景物远近大小的对比，增加纵深场景的层次感，使透视关系有不同程度的夸张甚至变形，给人以空间深远、扩伸的感觉。

广角镜头适用于一般生活摄影、旅游、风光、场面和全景照片等，在室内拍摄中尤为见长。如图 1-38 所示，用广角镜头可以把较多的景物收到画面内，增加了画面的容量。

图 1-38　用广角镜头拍摄的画面　摄影:王朋娇

2. 广角镜头不适合拍人像特写

例如,拍摄人的头部特写时能把鼻子拍摄得特别大,如图 1-39 所示。如图 1-40 所示,用 135mm 镜头拍摄人像特写表现得就比较正常。

图 1-39　用 28mm 镜头在 0.6m 处拍摄的人像特写

图 1-40　用 135mm 镜头在 2.4m 处拍摄的人像特写

3. 近大远小的特殊透视效果

在近距离内摄影,用广角镜头总是把近处的景物拍得大,而把远处的景物拍摄得小,如图 1-41 所示,这种效果就是透视感或远近感。利用广角镜头拍摄雄壮开阔的风景,为了衬托远处的景物,更好地表现空间感,在拍摄的画面中就要有意地选择增加前景,这在风光摄影中尤为重要。

广角镜头还会产生汇聚性效果,镜头焦距越短,这种汇聚性效果就越明显。

图 1-41　近大远小　摄影:王朋娇

4. 更大范围的景深效果

焦距越短，景深越大。如果结合小光圈（如 f11 或 f16 等）拍摄，即可拍摄出从近景到远景都清晰的照片，如图 1-42 所示。

图 1-42　《棠梨美景》　摄影：王朋娇

知识卡片

使用广角镜头时应尽量将照相机端平

俯摄、仰摄时，若照相机不平，画面中心之外的直立线条都会倾斜变形，给人以不稳定的感觉，如图 1-43 所示。若必须将水平和垂直线条拍摄下来，则应尽量将其安排在画幅中心处，以使变形不明显。应避免水平和垂直线条位于画幅边缘。

图 1-43　画面中心之外的直立线条倾斜变形

（三）长焦距镜头

焦距比标准镜头焦距长的镜头为长焦距镜头。焦距为 70～105mm 的为中焦距镜头，焦距为 135～300mm 的为摄远镜头，焦距为 300～2000mm 的为超摄远镜头。

长焦距镜头的特点是视场角小,一般在45°以下。长焦距镜头有下述特点和用途。

1. 景深小且突出景物的局部

如图1-44所示,长焦距镜头可以将远处的被摄体“拉近”,使其充满整个画面,使画面构图简洁。这时配合大光圈拍摄,景深小,把画面中的背景虚化掉,有利于利用虚实对比突出主体。可以说,它能远距离拍摄被摄体较大的影像,且不易干扰拍摄对象,所以一般用于对无法接近的物体进行拍摄,如体育摄影或野生动物的拍摄。用长焦距镜头拍摄的对象不会出现变形问题。

图1-44 用长焦距镜头可以将远处的被摄体“拉近”

2. 获得压缩远近感的效果

长焦距镜头与广角镜头相反,长焦距镜头结合小光圈可以减弱纵深景物的空间感。如图1-45所示,是用长焦距镜头拍摄的,所有的景物几乎都处于同一个平面之内,画面透视感不强。

图1-45 《书香之家》 摄影:董绍满

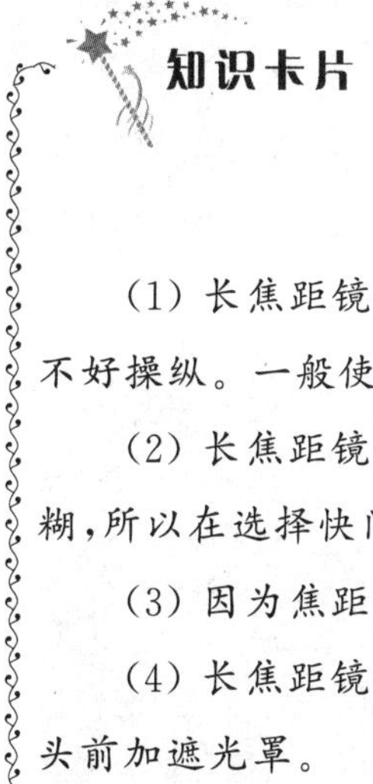

知识卡片

使用长焦距镜头时需要注意的事项

（1）长焦距镜头因为焦距长，镜头的长度也长，相对来说体积大，重量较重，不好操纵。一般使用200mm以上的镜头，就得用三脚架固定。

（2）长焦距镜头长，易晃动。拍摄时照相机稍有晃动，就会造成照片画面模糊，所以在选择快门时间时，快门时间的分母值应等于或大于该镜头焦距值。

（3）因为焦距长、景深小，所以调焦要格外小心，以保证主体清晰。

（4）长焦距镜头的透镜一般比较突出，易受光线干扰而产生光晕，最好在镜头前加遮光罩。

（四）微距镜头

在客观世界里，常常有被人忽视的美丽。这种美丽一方面需要我们仔细观察和发现，另一方面需要合理使用照相机的微距拍摄功能。微距镜头又称为近摄镜头，主要用于近距离拍摄。微距镜头的最重要指标是它的成像比例，它有可延伸的镜组，因此可以在很短的距离内对焦，一般能拍摄1/2实物大小（甚至同样大小）的图像，它所产生的图像质量也较好。微距镜头可以用于人像和翻拍等多种用途。

数码照相机上用🌷来表示微距功能。使用这一功能拍摄时，尽量贴近被摄体，并配合使用变焦，让景物在画面中占据足够大的面积，来表现微观世界中的秘密，如图1-46、图1-47所示。

图1-46　《花开的声音》　摄影：王朋娇

图1-47　《生活》　摄影：黄月

（五）鱼眼镜头

鱼眼镜头的光学结构与普通摄影镜头的光学结构不同。前镜片突出在外，很像鱼的眼睛。最后一片透镜伸入机身内部,其焦距很短,焦距为6～16mm,视场角大于180°,有的甚至达到230°,因而能拍摄下照相机两侧部分的景物。鱼眼镜头存在十分严重的畸变,只有画面中心部分的直线才能被拍摄成直线,位于其他部分的直线在画面上都表现为向内弯的弧形线,而且越靠近边缘,向内弯的弧度就越大,所摄画面的大部分呈圆形,如图1-48、图1-49所示。

图1-48 《诱人的彩票》 摄影:辛承佑

图1-49 《甜》 摄影:黄建华

鱼眼镜头用于创作特殊效果的照片,如地理学领域,用这种镜头拍摄照片以测定天顶角、方位角等,气象部门拍摄天空云图等。使用鱼眼镜头时,应注意拍摄距离在1m以上时景深达无穷远,但是在近处摄影时,景深并不是无穷远,而是在一个小范围内。

(六)移轴镜头

移轴镜头是可以移动镜头光轴调整透视的镜头。在拍摄建筑物时,为了拍到全貌,相机经常需要向上仰拍,此时由于透视关系的存在,拍摄的画面会产生“下大上小”的汇聚效果。此时使用移轴镜头可以很好地校正透视的问题。移轴镜头除了纠正透视变形,还能调整焦平面位置,用大光圈拍摄,焦平面的景物清晰,焦外模糊,若用移轴镜头调整焦平面,能改变清晰点。移轴镜头常用于建筑、风景和商业摄影。

第六节 光圈

一、光圈的工作原理

镜头的光圈是由许多活动的金属叶片组成的,装在镜头的透镜中间,转动光圈调节环能使其均匀地开合,调整成大小不同的光孔,控制进入镜头到达图像传感器的光线，以适应不同的拍摄需要。如果把镜头比成照相机的眼睛，那么光圈就起着瞳孔的作用。眼睛的光通量是由瞳孔调节的。光圈的作用和瞳孔一样，通过调节光圈的大小，可以调节进入镜头光线的多少，以获得正确曝光。

二、光圈系数

照相机的光圈大小是用光圈系数表示的，镜头上都标有光圈系数 f，如图 1-50 所示。光圈系数越小，光圈越大，进入镜头到达图像传感器的光线越多。光圈系数越大，光圈越小，进入镜头到达图像传感器的光线越少。光圈变化一级（档），图像传感器接受的曝光量也变化一级（档）。

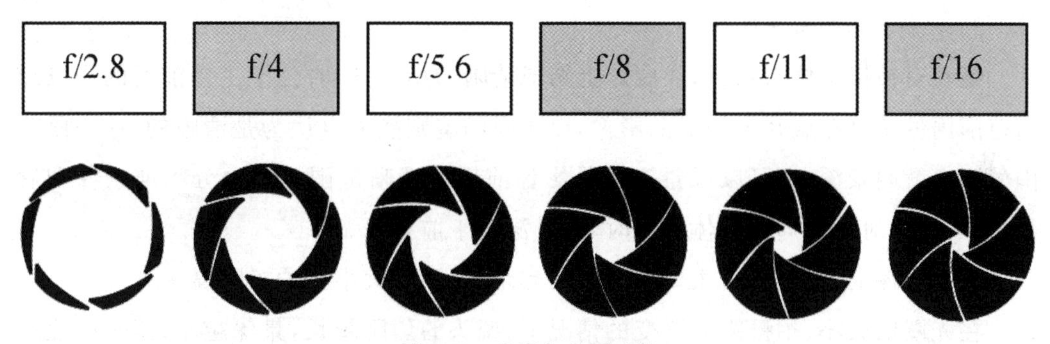

图 1-50　光圈与光圈系数

光圈系数的各档数值一般刻在镜头光圈调节环的外圆周上，或者在数码照相机的菜单中，如选用某档光圈时，可转动调节环，使该档数值与镜筒上的光圈基线对齐或在菜单中设置即可。在照相机镜的前压圈上标有 1:2.8—3.5 字样，这是数码照相机对应焦距变化的最大光圈。

三、光圈的结构

光圈的结构形式分为手动光圈（预调光圈）和自动光圈两种。预调光圈调对后，光圈就开至调对的大小位置，在拍摄过程中固定不动。自动光圈在调对时不动（在最大光圈位置），当按下快门按钮而快门尚未打开的瞬间，它自动收缩到调定的位置，快门关闭之后，又回到最大位置。因为照相机在最大光圈时取景器明亮，所以自动光圈的照相机取景、调焦很方便。

光圈结构还有停滞和非停滞之分。停滞光圈调对时，可以听到轻微的“哒”一声，同时手上有稍微停顿一下的感觉，便于用手感或声音来判断光圈的档数，适合在暗弱光线下使用。非停滞光圈调对时，既无手感也无声音，只能按刻度来确定档数。

四、光圈的作用

1. 调节控制进入镜头的光线

光圈通过光孔大小的改变来控制进入镜头光线的多少，以便让图像传感器达到正确曝光。

为了保证图像传感器的准确曝光，光圈的大小选择是很重要的。一般在光线较暗的场景下拍摄时，需要使用大光圈，以让足够的光线到达图像传感器；在光线较亮的场合拍摄时，则需要使用小光圈，以减少到达图像传感器的光线。

关于光圈和快门的配合将在第四章第一节中详细阐述。

2. 控制影像的景深范围

镜头对被摄主体对焦后，在底片上结成清晰的影像，同时位于主体前后的一段距离范围内的景物在底片上结成的影像，以人眼的鉴别能力也认为是清晰的，这一段范围的距离就叫景深，也可以说景深就是影像前后的清晰范围。景深分为前景深和后景深，当镜头对有限远的物体对焦时，后景深大于前景深。

影响景深的因素很多，主要有镜头的焦距、光圈的大小和拍摄距离。

在光圈的大小、拍摄距离不变的情况下，镜头的焦距越长，景深越小；镜头的焦距越短，景深越大。

在镜头的焦距、拍摄距离不变的情况下，光圈越大，景深越小；光圈越小，景深越大。

在镜头的焦距、光圈的大小不变的情况下，拍摄距离越近，景深越小；拍摄距离越远，景深越大。

图 1-51 为同一拍摄距离，使用相同焦距镜头，采用不同光圈拍摄的画面景深效果。

图 1-51　不同光圈的景深效果　摄影：石中军

3. 影响成像质量

每个镜头都有一两个成像最好的光圈，称为最佳光圈。使用最佳光圈时，镜头的解像力(分辨图像细节的能力)和影像的反差都有所增强,图像边缘的效果也会得到改善。各种照相机结构不一样,对各种像差的矫正情况也不一样,因而最佳光圈也不相同。一般把摄影镜头的最大光圈收缩三级,就是该镜头的最佳光圈。

摄影镜头使用最小光圈拍摄时,影像质量有所降低。因此,除了景深的特殊需要外,应尽量避免使用最小光圈拍摄。

第七节　快门

一、快门的工作原理

在镜头光圈和感光原件(数码相机 CCD/CMOS 或传统胶片)之间,还有一道"光线阀门"——快门。快门类似一道幕帘,在我们按下快门按钮的时候,快门幕帘开启让光线通过,然后闭合阻挡光线。快门与光圈不同,不是以进光多少,而是以快门开合的速度来控制曝光量。从几分钟到数千分之一秒,拍摄者可以在相机的快门速度范围内,选择合适的快门速度。图 1-52 为快门组件。

图 1-52　快门组件实物图

二、快门速度的作用

数码照相机使用电子式快门,根据测光情况由电子延时电路自动控制曝光时间,从而突现曝光的全自动化。快门速度在一定范围内无级调节,曝光控制更加准确。通常根据构造及工作方式的不同,快门分为镜间快门和焦点平面快门两大类。

一是与光圈配合控制进入镜头的光线,以便让图像传感器达到正确曝光。

二是可以控制运动物体的影像效果,使动体"凝固"或使被摄体产生"动感"。在较快的快门速度下,相机能凝固动体瞬间的行为,如图 1-53 所示。而较慢的快门速度，可以记载一段运动的轨迹，使照片富有动感，如图 1-54 所示。

图 1-53 《振翅之间》 摄影：Henrik Nilsson

图 1-54 《起跑》 摄影：张欣

三、快门速度与动感表现

（一）追随拍摄法

1. 追随拍摄法的概念

追随拍摄又被称为追踪拍摄，是拍摄运动物体尤其是横向直线运动物体所常用的特技。由于在曝光的瞬间，运动物体相对于运动的相机是静止的，而静止的背景相对于运动的相机却是移动的，这样就使得画面上的运动物体比较清晰而背景则是强烈的线状模糊，因而画面的冲击力和动感也格外强烈，如图 1-55 所示。

图 1-55 《第一次》 摄影：徐君杰

2. 追随拍摄的操作要领

相机要持稳。

追随要平稳。在追随拍摄时，由于数码相机一直在移动，如果液晶屏的反应比较迟缓的话，就很可能出现运动的物体已经移动到镜头之外而屏幕上却反映不出来的情况，这时就应该关闭液晶屏而采用取景器取景。

在运动的过程中按下快门。在转动中按下快门要求相机在按下快门时不能停止追随，这也是追拍能否成功的关键。

3. 追随拍摄的注意事项

快门速度。追随拍摄的快门速度宜用 1/60 秒或者 1/30 秒。快门速度越慢，操控难度越大，但是背景的线状模糊也越强烈。一般来说，具有快门优先（S 模式）或全手动功能（M 模式）的数码相机比较适合追随拍摄。

距离。在运动物体移动速度恒定的情况下，拍摄者离运动的物体越近，相机追随动体移动的速度就要越快。

对焦。大部分相机具有连续自动对焦或预测对焦功能，它可以让相机自动跟踪某一运动物体的焦点，使相机在按下快门的一瞬间仍然能够精确地将焦点对焦在动体上。如果数码相机没有这种功能，可以尝试手动对焦：预先将焦点对焦在动体必经之地。

角度。拍摄角度主要指的是，按快门时相机拍摄方向与动体运动方向所形成的角度，一般以 70 度至 90 度为宜。

（二）变焦拍摄

1. 变焦拍摄的概念

变焦拍摄是指在曝光过程中改变镜头焦距的拍摄方法。这种拍摄方法利用了变焦镜头的特性，在使用适当的慢快门拍摄的同时，摄影师快速转动变焦环，主体周边的景物因曝光时焦段的改变，从而变成了线性扩散的动态摄影。

曝光变焦拍摄法可分为两种不同的拍摄方式，一种是镜头的广角端转变为望远端，拍摄的画面效果由中心点往内扩散，如图 1-56 所示。而另一种则是利用镜头的望远端转变为广角端，拍摄的效果由中心点往外扩散，如图 1-57 所示。

图 1-56　《眩》　摄影：郜长源

图 1-57　《玄武》　摄影：焦梁欣

2. 变焦拍摄的注意事项

快门速度的选择对变焦拍摄至关重要，一般将快门速度设定为 1/15s～1/20s 比较合适，若快门速度慢于 1/15s，曝光时，摄影者较容易在转动变焦环时，因手部的震动而破坏了数码照片的美感。

拍摄之前先构图，然后对准主体对焦并维持在半按快门，完全按下快门键的同时快速地转动变焦环，转动过程要力求干净利落，同时尽量保证相机的稳定。

第八节　数码照相机的选购

由于数码相机的性能特点很多，且不同厂家提供的性能参数也不完全相同，况且数码相机的价格昂贵，用户不可能在对所有的数码相机进行实际拍摄和使用后进行选择购买，因而很难进行选择。下面简单介绍一些选购数码相机的注意事项。

一、准确定位

根据需求确定选择的数码相机的档次。这主要通过购买者实际使用的需要而确定。首先应确定自己使用数码相机是用于专业的图像输入处理（如大型影楼、专业广告、精美杂志印刷），还是普通的一般应用，从而决定是否需要专业级的数码相机或家用级的数码相机。这两档的数码相机价格相差很大。

二、像素

数码相机的成像质量，除镜头质量的因素外，很大程度上取决于成像芯片的像素水平。像素点数目越多，像素水平就越高，图像的分辨率也就越高，被摄画面表现也就越细腻、清晰、层次分明；反之，画面就显得越粗糙。像素水平和分辨越高，相机的档次与价位也就越高，成像质量也就越好。在选购数码相机时，在财力允许的情况下，分辨率越高当然越好。

在CCD的像素值的概念上，一定要区分CCD的像素值与拍摄图像的最大像素值（分辨率）的不同。只有CCD的像素值才是区分数码相机档次的根本。目前有的厂家，利用软件插值算法，加大拍摄图像的分辨率，这是完全不可取的，因为任何一个图像软件都可以实现，而且软件插值算法会降低图像品质。

三、关注主要指标

首先由于数码相机的技术参数很多，市面上没有一种数码相机能够在所有的指标上都好。原则上讲，数码相机的指标中，光圈范围、快门速度、对焦距离、焦距范围（光学变焦）越宽越好，感光度越大越好，最好能有多种白平衡功能，同时曝光补偿越宽，间隔越小越好，而拍摄延迟越小越好。

至于输出接口、间隔拍摄、浮动水印、全景拍摄等附加功能，只有在选择好了数码相机之后进行参考，不要因为这方面的功能决定对数码相机的取舍。

四、镜头的选择

镜头是选择数码相机另一个极其重要的因素，镜头的相关知识在本章的第五节已经进行了阐述，在选择镜头时可以根据自己的实际拍摄需要选择需要的镜头。一般来讲，拍摄主题不同，需要的镜头焦距也有所差异，常见的拍摄主题比较适合的镜头如表1-3所示。

表1-3 不同拍摄主体较适合的镜头

拍摄主题	镜头焦距
人像	50—150mm
风景	28—200mm
体育	200—1500mm
新闻摄影	28—200mm
动物	200—1500mm
自然、植物	28—150mm
旅游纪念	28—300mm
建筑	12—100mm，移轴镜头
微距	微距镜头(50mm，60mm，100mm或更大)
舞台	100—300mm
星空	1000mm以上

五、配件的选择

相机包、存储卡、三脚架、接环、滤镜、遮光罩、电池、皮套之类的配件，可在相机专卖店购买。也可到电子城或者网上购买。

思考与练习

1. 数码相机由哪些部分组成？
2. 如何根据需要选择相机的拍摄模式？
3. 数码相机的对焦方式有哪些？
4. 广角镜头和长焦镜头各有什么特点？
5. 光圈的具体作用是什么？
6. 如何根据需要选择快门速度？
7. 常见的数码相机配件有哪些？
8. 如何保养数码相机？

第二章　摄影构图

学习目标

1. 了解摄影构图的概念与特性
2. 掌握摄影构图的基本要求
3. 能够灵活运用常见构图方法进行创作
4. 掌握前景与背景的处理方法
5. 掌握空白在画面构图中的作用
6. 掌握标题与图片说明的写作方法

摄影构图是画面造型艺术创作的关键所在，它决定着作品的成败。构图的基本任务是把拍摄者的思想情感最大可能地传递给摄影作品的观看者。为了这种有效的传递，拍摄者创作之前要选择提炼、筹划安排、画面中的构图要素使得画面中的构图要素既要服从于主题表现的要求，又要取得整体形式和谐统一。

第一节　构图的概念

一、摄影构图的概念

构图一词来自拉丁语，对应的英语为 Composition，其意思是结构、组成、联结和联系。《辞海》对构图的解释为：艺术家为了表现作品的主题思想和美感效果，在一定的空间，安排和处理人、物的关系和位置，把个别或局部的形象组成艺术的整体。

摄影构图，就是摄影者为了揭示主题的思想内容，对画面进行的布局和结构安排。这种布局和安排需要用最佳的布局方法把人、景、物等构图元素安排在画面中，并用最有效的手段把各个构图元素结合起来进行最好的展示，它以观察生活为基础，又比现实生活更富有表现力和艺术感染力。

二、摄影构图的特性

（一）镜头性

摄影是通过镜头来获得影像的，镜头的光学性能使摄影的构图形象区别于其他造型艺术形象。摄影所拍摄的画面内容都是客观真实存在的，通过镜头拍摄的画面只能客观记录，不能像绘画那样对内容进行任意变换和取舍。如图 2-1 所示，仰拍时由于透视关系，左边的路灯杆向画面中心倾斜，这是由于镜头的特性造成的。如果是绘画的话则可以把路灯杆画得垂直，即使是体现透视效果的变化，不同的绘画角度，绘出的画面效果也是不一样的。

摄影构图的镜头性具体体现在科学性和虚实变化上面。以摄影画面中的线条透视效果为例，无论使用长焦压缩纵向空间还是广角的夸张变形，所拍摄到的画面效果都符合镜头的光学特征，只要掌握了镜头的性能，就能很好地利用透视变化，创作艺术形象。

镜头的成像原理使得画面中只有一个焦平面，从而就产生了影像清晰范围的变化，即景深。虚实对比的表现在摄影艺术中具有独特的魅力，合理利用虚实的对比可以使摄影更富于变化，既能增加画面美感又能突出画面主体，如图 2-2 所示。

图 2-1 《城市里的愿》 摄影:王婧彤

图 2-2 《花不醉蝶蝶自醉》 摄影:宋禹萱

（二）纪实性

绘画可以先收集资料、加工处理，然后在画室里面进行创作。摄影则不同，它要求拍摄者必须在现场完成拍摄，而且拍摄地点和拍摄对象都是客观的、确定的。这种现场性成就了摄影的“纪实性”特色。摄影构图现场性的特点对拍摄者提出了更高的要求，拍摄者除了掌握摄影技能技巧之外，还要有丰富的生活积累、较高的文化和艺术修养。如图 2-3 所示是拍摄消防员在火灾现场积极救援的场面,具有非常强烈的现场感,虽然画面对救火人员的动作表情表现不足,但是表现出了现场救援的浓烈氛围。

（三）时机性与瞬间性

摄影构图要获得优美的形象,就需要选择恰当的时机。时机就是“机遇”,有时是可遇不可求的。摄影家要善于观察和发现,等待时机,敏锐地发现并及时地把握住时机。如拍摄剪影可以等到日出日落的时间段进行逆光拍摄,这时的光线柔美非常适合拍摄剪影,如图 2-4 所示。

图 2-3 《不畏艰险降火魔》摄影:潘世国

图 2-4 《鹤鸣丹阳》 摄影:尚伟峰

摄影艺术被称为瞬间的艺术,摄影的瞬间包含曝光的瞬间和被摄对象变化的瞬间。摄影构图的形象可以看作是被摄对象某一瞬间的定格。因此,拍摄者在选择这一瞬间时必须是能够引起观者感情共鸣的精彩瞬间。如果拍摄动物或者运动物体,需要等待时机,抓住最精彩的瞬间,如图 2-5、图 2-6 所示。

图 2-5 《逐》 摄影:任德强

图 2-6 《立》 摄影:苏新

要把精彩美妙的瞬间形象转变成有美感的造型与构图,拍摄者不仅需要有敏捷的反应、熟练的技术，还要有敏锐的观察力和判断力，同时要有较高的造型技巧、艺术素养和审美感受能力。

第二节　构图的基本要求

一、主题鲜明

摄影主题就是拍摄者要表达什么，一幅摄影作品必须具有一个鲜明的主题，在摄影创作时，首先要确定创作意图，即“意在摄先”。摄影构图就是要把创作意图最有效、最合理的表现出来，好的构图应当使观赏者不用去看作品标题，也无需介绍和注解，凭视觉直觉就可以感受到作品要表达的主题。

作品的主题是通过摄影画面中具有鲜明个性的典型形象体现出来的，只有这样的作品，才能使观众产生如闻其声、如见其人、如临其境的真切感。如图 2-7 所示，主人与马匹的亲昵姿态很好地揭示了他们之间的关系，也揭示了人与动物和谐相处的主题，观者仿佛体会到了他们心息相通的感觉，深受感染。

图 2-7　《家人》　摄影：Mateusz Baj

二、主体突出

摄影作品中总要有一个主要的表现对象，即主体，它是整个画面的中心事物。构图的主要目的就是在画面突出醒目的位置来安排和表现主体。如图 2-8 所示，灯光照射的位置由于明亮最醒目，将主体安排在此位置，画面中主体虽然占有的面积不大，但是通过位置安排以及光影效果却使主体十分吸引观者眼球。

图 2-8 《独舞》 摄影:李石营

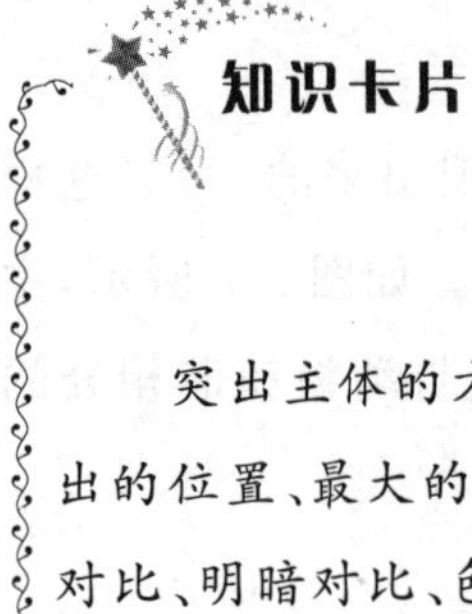

知识卡片

突出主体技巧

突出主体的方法有很多,如位置法、对比法等。位置法就是给被摄主体以突出的位置、最大的面积和照明条件来引人注目;对比法可以采用虚实对比、大小对比、明暗对比、色彩冷暖对比、动静对比、方向对比等。把主体放在透视中心,利用线条的指引突出主体也可。

此外,画面中有两个以上的人物,形象全的人物比不全的显得突出,面部朝向镜头的人物比背向或侧向镜头的要突出;在多人物的静态构图之中,非主体人物的视线指引也可以突出主体。

在摄影实践中为了突出主体,往往同时采用几种方法。比如既利用角度又用比较合适的光线来刻画突出画面主体。

三、简洁与和谐

我们常说“摄影是减法的艺术”,即拍摄一幅摄影作品要繁中取简,在多元素构成的画面中,“减”出拍摄者对主体的认识、对艺术的感悟、对画面感的追求以及对摄影的理解,这种减法在构图上就体现为简洁。摄影画面简洁是摄影构图整体要求的一个重要方面。简洁明了的摄影构图形式,使观众一下子就能看出摄影作品的内容,理解画面的主题思想,如图 2-9 所示。

图 2-9　《暖》　摄影:吴雨桐

和谐是摄影构图的基本要求之一,一幅图片包含多种构图元素,如主体、陪体、前景、背景等,这些元素如何通过摄影构图的形式,来形成和谐统一且具有美感的摄影画面,这是拍摄者需要认真思考的问题。

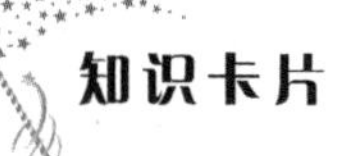

知识卡片

画面简洁小技巧

要做到画面简洁,一是要勇于舍弃,与画面主题无关的构图元素一定要排除在画面之外;二是要让主体在画面上占有一定的面积,这个面积可大可小,但必须在画面的视觉中心位置上,达到主次分明、层次清楚。

四、对称与均衡

对称指的是沿画面中心轴两侧有等质、等量的相同景物形态,两侧保持着绝对均衡的关系,给人的感觉是有秩序、协调。对称使得画面比较庄重,具有平衡、稳定、相呼应的特点,但是对称的同时也造成了画面呆板、缺少变化。在表现具有对称特征的物体、建筑、水中的倒影、镜中的影像等,可以考虑画面的对称性,如图 2-10 所示。

图 2-10　《迪斯尼乐园》　摄影:王朋娇

均衡是人们在长期生活中形成的一种心理要求和形式感觉。均衡是摄影构图的基本要求之一，由于生理和物理的原因，人们习惯于平衡和稳定，均衡的画面布局能给人一种稳定、合理、严谨、完整的感受。相反，画面内容如果有东倒西歪的视觉感受，观看者便会感到不舒服。

均衡的画面可以产生一种形式美，但是均衡并不等于对称，对称只是一种最稳定且单纯的均衡。但均衡不仅仅是形式上的绝对对称，而是变化中的均衡和心理感觉上的均衡，是一种动态的平衡效果。图 2-11 并不是对称的画面，主体靠近画面右侧，画面左侧则安排了窗帘和椅子来平衡画面，从而达到了均衡的效果。

图 2-11 《回眸》 摄影：Vlad Shutov

有时为了更好地表现主题，拍摄时可以打破画面应有的均衡感，如表现动感强烈的体育运动，地震、海啸、台风等灾难性的作品时，大胆地利用不均衡的画面变化形式，会起到意想不到的效果。

知识卡片

画面的均衡因素

构成平稳均衡的因素很多，如影调、线条光影、色块、空白及被摄体的形态、人物动作等。在摄影画面中，深色比浅色重、暗比亮重、面积大比面积小重、粗线比细线重、密比疏重、近比远重、山石比树木重、树木比水面重等，只有将这些因素在画面中有目的地组织安排，才能符合人们稳定的心理要求和形式感觉。

五、集中与呼应

集中是性质、内容、关系、要求等相一致的事物的近距离集结。通过这种集结，使画面建立一种秩序，有机地结合成一个整体。集中有动态的集中和表意的集中。动态的集中是指人物或物体的动作、态势的集中，动态的集中是形式上的，如图 2-12 所示，画面中的人物视线都朝向画面中心。而表意的集中是内在的，如拍摄某一突发事件，有人四处奔跑，有人呆若木鸡，有人失声痛哭，也有人神情自若。这种条件下，动态可能是不集中的，然而表意的集中也可以使得画面表现出集体感。

图 2-12 《梨园春风》 摄影：邱石

呼应是性质、内容、关系、要求等相一致的事物的远距离沟通。呼应可以利用光、影、色调、实体、虚体以及物体的形态、大小各异的对象等的相互关系，使整体画面布局达到有秩序、均衡的效果。在画面的布局中，存在众多的呼应关系，如物体的疏密、色彩的浓淡、线条的曲直粗细，都可以在相互的呼应中使画面达到均衡。如图 2-13 所示，山、小舟和云雾虚实相互呼应，构成了一幅绝妙的山水画。

图 2-13 虚实相互呼应画面

知识卡片

主体与陪体的呼应

在拍摄主体时，应使观者的注意力集中到主体上面，但又不能忽视观者的其他感官的作用。要想通过画面充分调动观者的其他感官共同参与到画面的欣赏中，需要拍摄者注意到主体在人的视觉、听觉、嗅觉、触觉上的相互呼应的作用，然后用画面表现出来。另外，也要注意主体与其他陪体之间的呼应作用，使陪体充分起到陪衬、说明主体的作用。如图 2-14 所示，拍摄者与被拍摄者相互呼应，使画面和谐紧凑。

图 2-14 《专注》 摄影：郭巍

用“三分法”安排画面主体的一般原则是，主体无论处于哪一个位置，都应该面向画面中心，这样才有利于加强主体与其他部分的呼应关系，达到画面结构的均衡和完整。如图 2-15 所示，主体面向画面的中心，能与其他部分形成呼应，使画面结构均衡、严谨。如图 2-16 所示，主体面向画面的外边，画面的呼应关系就消失了。

图 2-15 呼应关系

图 2-16 呼应关系消失

第三节 构图的基本方法

一、画幅的选择

如今数码相机拍摄的图片大部分都是长方形的，主流的比例为 3∶2、4∶3、16∶9 等。在实际拍摄过程中相机可以横着取景也可以竖着取景。因此，产生了画面的横幅和竖幅的区别。画幅选择适当对画面内容的表现能起到强化作用，如何选择画幅需要根据所要表现的主题以及画面的主体特征来确定。

横幅，尤其是宽广的横幅有助于强化景物的水平舒展和广阔，增加静谧和稳定。横幅强调的是水平因素，适宜表现广阔、深远但不是很高的景物，同时兼顾主体外部周围的环境。当主体的形态特征为横宽竖窄时，如主体是一望无际的大海、绵延不断的山脉、宽阔的田野等，应使用横幅画面以突出主体，这时我们就应该把相机横着取景了。图 2-17 通过横幅表现了水面和天空的宽广辽阔、宁静之感。

图 2-17 《孤帆远影》 摄影:刘玉衡

竖幅有助于强化景物的高大和向上运动，能增添画面的活力和吸引力。竖幅强调的是垂直因素，适宜表现高耸、挺拔但不是很宽广的景物，同时对主体外部周围的环境可以忽略。当表现比较高的主体时可以考虑竖幅取景，如高耸的铁塔、单一的山峰、挺拔的树木等。如图 2-18 所示，采用竖幅拍摄的白桦树有一种向上的感觉。

除了横幅和竖幅的画面以外还有方幅的画面。方幅的画面也就是正方形的画面，这种画面适宜表现端庄、工整、严肃的题材，常给人以工整、淳朴的感觉，如图 2-19

所示。方形画幅对画面中的水平与垂直因素都不起强调作用，它有适应性较强的一面，又有强化力不足的弱点，实际拍摄中采用这种画幅还是比较少的。但是人们看惯了长方形的构图，有时候会感觉方幅的画面很有新意，也可以尝试使用。

图 2-18 《白桦林的眼睛》 摄影：王朋娇

图 2-19 《面具》 摄影：王朋娇

知识卡片

冲洗照片需要什么样的画幅

拍摄的照片如果想冲洗出来，拍摄的时候需要注意自己照片的长宽比例，很多相机是可以选择的，如果电子版设置的比例和冲洗照片的比例不匹配就会有裁切的现象，从而破坏了画面的整体效果。常见冲洗照片尺寸及比例如表 2-1 所示。

表 2-1 常见冲洗照片尺寸及比例对照表

规格	尺寸(厘米)	比例
5 寸(3R)	8.9×12.7	7:10
6 寸(4R)	10.2×15.2	2∶3
大 6 寸(4D)	11.4×15.2	3∶4
7 寸(5R)	12.7×17.8	5∶7
8 寸(6R)	15.2×20.3	3∶4
10 寸(8R)	20.3×25.4	4∶5
12 寸(10R)	20.3×30.5 或 25.4×30.5	2∶3 或 5∶6

二、两种构图方式

总的来说，从构图方式上来看，构图可以分为两大类：封闭式构图和开放式构图。两者并无高低优劣之分，只有在合适的景物面前采用了合适的构图方式才能创作出最精彩的画面。开放式构图和封闭式构图的主要区别体现在以下几个方面，如表 2-2 所示。

表 2-2 开放式构图和封闭式构图的主要区别

	封闭式构图	开放式构图
视觉心理	强调把视线集中在画面内，注意力集中在主体、主题上	把想象延伸到画面之外，可以发挥想象和联想
构图手法	十分讲究构图的严谨性，中规中矩，强调画面的均衡，显得四平八稳	常常故意打破构图的均衡，使画面不谐调，画面形式多样，使画面经常处于不均衡到均衡，不谐调到谐调的多样变化之中
画面形象	讲究画面完整性，画面的主体以及主题都在画面之内	画面形象不完整，强调画外空间的存在和延伸，注重画面形象和画外空间的联系
画面主体	习惯于把主体放在几何中心或趣味中心	不一定把主体放在几何中心或趣味中心

（一）封闭式构图

封闭式构图是用框架去截取生活中的形象，并运用空间角度、光线、镜头等手段重新组合框架内部的新秩序，此时框架之内被看成是一个独立的天地，追求画面内部的统一、完整、和谐、均衡等视觉效果。封闭式构图比较适合于风光、静物的拍摄，也常用于表现具有严肃、庄重、优美、平静、稳健等感情色彩的人物和生活场面。图 2-20 采用了封闭式构图来交代完整和谐的画面效果。

图 2-20 《攀枝错节》 摄影：张慈格

（二）开放式构图

开放式构图在安排画面中的形象元素时，着重于表现向画面外部的冲击力，强调画面内外的联系。开放式构图适合表现动作、情节、生活场景为主的题材内容，尤其在新闻摄影、纪实摄影中更能发挥其长处。图 2-21 采用开放式构图，通过人和动物的视线将观者的视线和思想都带到了画面之外。

图 2-21 《向往》 摄影：王朋娇

三、黄金分割法

（一）黄金分割

黄金分割最早见于古希腊和古埃及。黄金分割即把一根线段分为长短不等的 a、b 两段，使其中长线段 a 与整个线段即$(a+b)$的比等于短线段 b 对长线段 a 的比，列式即为 $a:(a+b)=b:a$，其比值为 0.6180339……这种比例在造型上比较悦目，因此，0.618 又被称为黄金分割率。

黄金分割应用在摄影上最简单的方法就是按照黄金分割率 2∶3、3∶5、5∶8、8∶13、13∶21 等，这些比值主要适用于画面长宽比的确定、地平线位置的选择、光影色调的分配、画面空间的分割以及画面视觉中心的确立。

（二）黄金分割在摄影构图中的运用

黄金分割一直以来都是摄影构图中最神圣的观念，摄影构图的许多基本规律都是在黄金分割的基础上演变而来的，例如三分法、“井字”构图画法、“九宫格”构图法等。如图 2-22 所示，把长方形画面的长、宽各分成三等分，整个画面成井字形分割，井字形分割的水平和垂直的四条线就是“兴趣线”，四个交叉点就是“兴趣点”，“兴趣线”和“兴趣点”就是安排主体的最佳位置，是最容易诱导人们视觉兴趣的视觉美点。

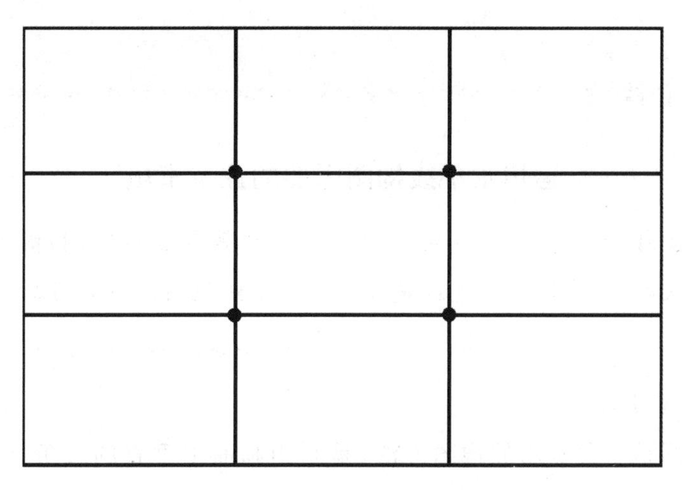

图 2-22 兴趣线和兴趣点

四、经典构图法则

（一）利用线条构图

1. 水平线构图

使用水平线构图的画面，一般主导线条是水平方向的，主要用于表现广阔、宽敞的大场面。水平线条可以引导人们从左到右观察整幅照片，象征着广阔、平静博大，具有平静、安宁、舒适、稳定等特点。拍摄平静如镜的湖面、一望无际的平川、广阔平坦的原野、辽阔无垠的草原、层峦叠嶂的远山等，经常会用水平线构图来表现。图 2-23 在拍摄印度朝圣者与信徒走过浮桥的场景时，采用俯拍，重复利用了水平线条参与画面构图，使画面富有节奏感。

图 2-23 《朝圣者》 摄影：Wolfgang Weinhardt

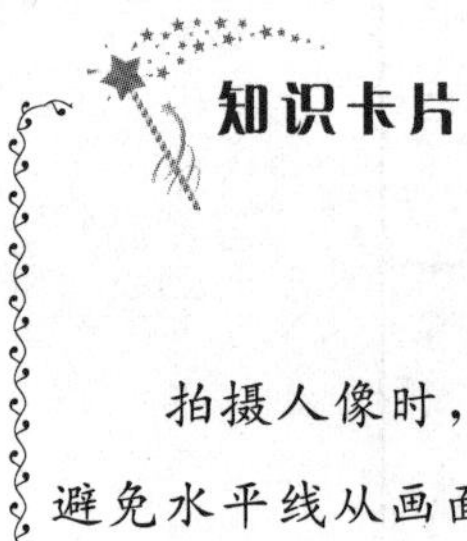

知识卡片

运用水平线构图需要的注意事项

拍摄人像时，避免水平线从关节、脖子、头部等部位穿过；拍摄风光照片时，避免水平线从画面中间穿过，也就是说避免水平线把画面一分为二。

2. 垂直线构图

垂直线构图是一种常用的构图方法，是利用画面中垂直的线条进行构图。垂直线构图给人一种安静、稳定的情绪。在自然界中很多物体、景色都具有竖线形状的结构，如电线杆、路灯、旗杆、树木等。垂直的线条象征着庄严、坚强、有支撑力，传达出一种永恒性。图 2-24 采用垂直线构图的方式拍摄了图书馆内的场景。实际拍摄中，当画面中只有一个垂直物体时一般都不能处在画面的正中间，应尽量处在画面的三分线上。

图 2-24 《浩瀚书海》 摄影:朱俊华

3. 对角线构图

对角线构图就是把主体安排在对角线上的构图方式。对角线构图富于动感，显得活泼，容易产生线条的汇聚趋势，从而吸引人的视线，达到突出主体的效果。对角线在人像摄影中的合理使用可以使照片活力大增，如图 2-25 所示。在拍摄风光的照片中对角线构图也非常实用，图 2-26 就是通过对角线构图赋予画面强劲的力度感和真实感，使单调无趣的景物富有活力，同时给人带来了独特新颖的视觉感受。

图 2-25 《遐想》 摄影:Peter Nguyen

图 2-26 《斜阳》 摄影:赵恒硕

4. S形曲线构图

S形曲线构图是画面主体呈S形曲线的构图形式。S形具有延长、变化的特点，使画面看上去有韵律感，产生优美、雅致、协调的感觉。使用S形构图所拍摄的主体一般本身都具有S形的曲线特征，如河流、溪水、曲径、小路等。拍摄女性人像时也经常使用S形构图，突出女性的身材特征以及柔美的特点。图2-27采用S形曲线构图拍摄了公路的美景。

图 2-27 《杭千高速通我家》 摄影:周双成

5. 汇聚线构图

汇聚线构图是利用画面中具有汇聚效果的线条进行构图，汇聚线构图很简单但是视觉效果非常强烈，很适合拍摄具有明显线条感的题材，如马路、河川、隧道、铁路等。图2-28通过汇聚线把人的视线引向画面远处。

图 2-28 《扶梯》 摄影:鹿名联

6. 放射线构图

放射线构图以一个或多个点为中心向四周发散,而中心点成为画面的焦点,集中画面视线,使主体景物与其他景物很容易区分开来,表现出景物的活力和美感。放射线构图可用来展现画面所具有的律动美、开放性与跃动感,如图 2-29 所示。图 2-30 通过阳光光线放射性的特点把观众的视线引向梯田。

图 2-29 《夏日条纹》 摄影:Sarah-Fiona Helme

图 2-30 《五彩梯田》 摄影:卜荣伟

(二) 利用图形特征构图

1. 三角形构图

三角形是最简单也是最稳定的图形,因此运用三角形构图具有稳定均衡的特点。三角形构图形式具有可变性,可以是正三角形、直角三角形、斜角三角形,这就需要根据拍摄的景物形态和拍摄意图来决定画面的三角形构图形式。图 2-31 采用三角形构图拍摄,画面稳定工整。

图 2-31 《浪漫满屋》 摄影:王朋娇

倒三角形构图是三角形的逆向构图形式,表现出不稳定感,有利于塑造景物的动态效果,利用倒三角形构图形式拍摄风景照片时,能表现出开放感,具有延伸视觉的作用,使画面中的景物更加突出。图 2-32 中天空所呈现出的倒三角形加大了照片的动感,延伸了观看者的视线,有进入时光隧道之感。

图 2-32 《梦回紫禁城》 摄影:王晓东

2. 对称式构图

我们常说"对称就是美",对称式构图在摄影中也经常使用,是指所摄内容在画面正中垂线两侧或正中水平线上下对等或大致对等,画面从而具有布局平衡、结构规矩,蕴含图案美、趣味性等特色。这种构图具有平衡、稳定、相呼应的特点,同时也比较呆板、缺少变化。常用于表现对称的物体、建筑、特殊风格的物体,如图 2-33 所示。拍摄人像时常利用本身的对称特点或使用镜子等道具,拍摄风光时常采用水中的倒影,如图 2-34 所示。

图 2-33 《眉飞色舞》 摄影：王进

图 2-34 《湖中镜》 摄影：程晓雪

3. X 形构图

线条、影调按 X 形布局，透视感强，有利于把人们的视线由四周引向中心，或使景物具有从中心向四周逐渐放大的特点。常用于建筑、大桥、公路、田野等题材。图 2-35 采用 X 形构图拍摄了广阔的田野，使画面宽广的同时又不失美感。图 2-36 则是采用 X 形的结构特征拍摄了铁路。

图 2-35 《田野平畴》 摄影：肖凤鸣

图 2-36 《曲的铁轨》（法新社）

4. 框架构图

框架构图是将画面的主体安排在某个景物形成的“框架”里。这样会让主体更加突出，表现的主题更加鲜明，如图 2-37 所示。

5. 十字形构图

十字形，是一条竖线与一条水平横线的垂直交叉。十字形给人以平稳、庄重、严肃感，表现成熟而神秘，健康而向上。十字能使人联想到教会的十字架，医疗部门的红十字等，从而产生神秘感。十字形构图，不宜使横竖线等长，一般竖长横短为好，两线长短一样，而且以交点等分，给人以对称感，缺少了动势，会减弱其表现力。凡是在视觉上能组成十字形象的，均可选用十字形构图。图 2-38 采用了十字构图法拍摄了正在进行吊环比赛的运动员。

图 2-37　《土楼》　摄影：王朋娇

图 2-38　《吊》　摄影：洛朗·萨布隆

第四节　景别

一、景别概念

景别就是拍摄到的画面范围，景别与拍摄距离远近、镜头焦距长短有关。景别可分为大远景、远景、全景、中景、近景、特写、大特写等。

景别的确定是摄影创作构思的重要部分，景别的选择是由摄影者根据被摄对象的性质所产生的艺术构思和立意来决定的，其目的在于更鲜明地表达主题内容，更生动地表现对象特征，更完美地创造新颖的构图形式。景别的选择不同，表现出的画面意境也不同，一般是“远取其势，近取其神”。

二、不同景别的特点与用途

（一）大远景

主体在画面中所占的位置极小，拍摄位置较远，环境占主要地位。一般用来表现广阔的空间，给人气势磅礴、严峻、宏伟的感受。大远景往往在抒发情感，渲染气氛，产生强烈艺术感染力上发挥作用，如图 2-39 所示。

图 2-39 《烟色山水》 摄影:孙静

(二) 远景

比起大远景,主体在远景画面中的位置明显了些,重要了些,但仍处于较远的位置。远景主要表现宏观态势和规模,它能够提供宽阔的视野和广大的空间,适合展示事件发生环境和人物活动背景,展示事件规模和气氛,表现多层景物等,如图 2-40 所示。

图 2-40 《云下半坡亭》 摄影:刘丽

(三) 全景

全景即可以清楚地看到主体全貌。拍摄人物时它适合表现人物全身形体动作特征,交待时间、地点和环境特征等,让主体和环境交融组合起来,表现人与环境的关系。图 2-41 为人物全景。

图 2-41 《马场》 摄影:王朋娇

(四) 中景

中景主要用来表现生活中的情节,它的环境范围较小,有时完全没有了环境,在人物场面中主要表现人物的姿态、手势动作、表情等,如图 2-42 所示。

图 2-42 《骑手》 摄影:王朋娇

(五) 近景

近景画面能真切地表现事物的细部、人物的面貌与表情,如图 2-43 所示。近景使观众对角色产生一种交流感,产生置身事件之中的感受,不像全景、中景表现得那样客观。

图 2-43 《吉普赛人》 摄影:王朋娇

（六）特写

特写把人或物完全从环境中推出来，让观众更集中、更强烈地去感受主体的面部表情和内在情绪，突出特定人物的情绪，细腻地刻画人物性格，如图 2-44 所示。值得一提的是，一些小物件的全景我们也习惯将其称之为特写，如钢笔、橡皮、戒指等。

图 2-44 《思考》 摄影:安洪东

（七）大特写

表现被摄主体的局部特征，如一双眼睛、一颗钮扣等的景别为大特写。这种画面用得恰当可以产生强烈的视觉冲击力，能够形成气氛、震撼人们的心灵等，如图 2-45 所示。

图 2-45　《还我自由》　摄影：王旋

第五节　前景与背景

一、前景

前景处在主体前面，靠近相机位置，它们的特点是成像大，色调深，大都处于画面的四周边缘。前景可以是树木、花草，也可以是人和物，有时陪体也可以起到前景的作用。下面我们具体分析一下前景在画面构图上所起的作用。

（一）突出季节和地方特征

富有季节和地方特征的花草树木做前景，可以渲染季节气氛和地方色彩，使画面具有浓郁的生活气息。用春天的桃花、刚刚发芽的柳枝作前景，画面充满春意，用红叶做前景，画面则充满秋天的气息。拍摄北国冬日的景象，可以用冰挂、雪枝作前景，拍摄海南风光可以用椰树、芭蕉作前景。使用这些具有季节和地方特征的前景常常能对主题进行有力的烘托。图 2-46 采用刚刚发芽的柳枝作为前景，展示了春意盎然、生机勃勃的景象。图 2-47 用带有雪的树枝作为前景则很好地交代了颐和园苏州街的冬日场景。

图 2-46　《浪漫满屋》　摄影：王朋娇

图 2-47　《颐和园苏州街》　摄影：曲扬

（二）加强画面空间感

拍摄画面时可以把镜头有意靠近某些人或物，利用其成像大、色调深的特点，与远处的景物形成明显的大小或色调深浅的对比，以调动人们的视觉去感受画面的空间距离。一些有经验的摄影者在拍摄展示空间场面的内容时，总力求找到适当的前景，来强调出近大远小的透视感。图 2-48 拍摄的是同样的两匹马，由于远近不同，在画面上所占面积相差很大，充分调动了人们的视觉规律来想象画面的立体空间。

图 2-48 《伙伴》 摄影：英吉伯格森

（三）强化画面内容

在表现一些内容丰富、复杂的事物时，有意将所要表现的事物中最富有特征的部分放置在前景位置上，以加强画面内容的概括力。图 2-49 为学生军训时的场景，画面以摆放整齐的军训服为前景，很好地交代了军训这一主题，强化了画面内容。

图 2-49 《军训》 摄影：边昂

（四）形成对比

对比是摄影最常用的突出主体的方法之一，明暗对比、远近对比、大小对比、高低对比等都能很好地表现画面内容。图 2-50 利用前景和主体形成了大小对比和动静对比。

图 2-50 《灯火》 摄影:Jack Lee

此外，前景还可以形成画面内容上的对比。图 2-51 用拆迁的废墟以及等待拆迁的墙垣作为前景，与远处新建起的楼房形成了很好的对比，使人们对画面产生不同的视觉感受，是消失与改变？是时代的飞速发展？是被拆迁人的无奈……

图 2-51 《即将消失的家园》 摄影:王杰

（五）调动观众参与感

前景影像较大，质感、细节较明显，给观众以十分亲切的心理影响，无形中就会缩短观众与画面之间的距离，往往给观众产生一种身临其境的感觉，能将观众的视线引导到画面的深处,使观者积极参与画面,有利于增加画面的艺术感染力。图 2-52 用围栏作为前景,极大地吸引了人们的视线,让观众有一种参与画面的幻觉。

图 2-52 《夜幕下的温情》 摄影:翟丽娟

(六)装饰画面

用一些规则排列的物体,以及一些具有图案形状的物体作前景,可以给画面装饰一个精美的画框或花边,增加了美感,显得生动活泼,如图 2-53 所示。

图 2-53 《致青春》 摄影:郭昕宇

二、背景

背景,是指在主体的后面用来衬托主体的景物,主要发挥环境的优势,丰富画面空间内容,反映地方、环境、季节、时间等特征,来烘托主体并共同提示画面内涵,背景对突出主体形象及丰富主体的内涵起着重要的作用。背景对一幅摄影作品的成败有举足轻重的作用。往往有这种情形，拍摄一幅作品，主体、陪体、神情、姿态都很理想，但由于背景处理得不好而功亏一篑。摄影画面的背景选择，应注意以下三个方面。一是抓特征；二是力求简洁；三是要注重对比。

（一）抓住特征

1. 地方特征

具有地方特色的背景能够很好地交代照片的拍摄地点，有意地将一些能标志出地方特征的对象保留在画面中，观众用不着看标题，就知道事件发生的地方，如图 2-54 所示。如以布达拉宫为背景人们会知道拍摄于西藏，以天安门为背景，观看者马上知道拍摄于中国北京。我们平时的旅游摄影经常需要选取具有地方特色的背景来拍照。

图 2-54 《校园青春记忆》 摄影：焦梁欣

2. 时代特征

选取背景时还要注意抓取具有时代特征的景物，使观众了解画面内容的时代背景。用冒烟的烟囱作背景，在 20 世纪五十年代能使人感到生产蒸蒸日上，祖国欣欣向荣的景象，能启发人们的审美感情。但如果当今拍摄工厂，仍然以冒烟的烟囱作背景，人们会以为是为环境保护拍摄的反面教材。

3. 衬托特征

拍摄人像也应该重视选取富有特征的环境背景来衬托人物的职业和性格特征，创造典型环境中的典型性格。画面上给背景留下足够的面积，选取一些足以产生丰富联想的景物来丰富人物形象，这样的背景具有说明和象征的意义，有人称之为“环境肖像”。如图 2-55 所示，采用军事演练爆炸的烟雾作为背景，展示了士兵身经百战、临危不惧的特征。

图 2-55 《出击》 摄影:王洪英

（二）力求简洁

摄影为了更好地反映生活总是千方百计地减去那些不必要的东西，而其中重要的是将背景中可有可无的、妨碍主体突出的东西减去，以达到画面的简洁精练。简洁的背景是主体突出的重要条件，画面越简洁视觉冲击力越强，观众越能关注主体。图2-56以天空为背景，单一的色调使背景简洁，主体突出。图2-57的背景虽然是比较杂乱的树木，但是通过控制景深把背景虚化了，从而达到简洁的目的。

图 2-56 《椰韵》 摄影:王朋娇

图 2-57 《合欢》 摄影:王朋娇

知识卡片

如何使背景简洁

选择合适的拍摄角度，避开杂乱的背景；用逆光，将背景杂乱的线条隐藏在阴影中；用晨雾将背景掩藏在白色的雾霭之中；用长焦距镜头缩小背景范围，将不需要的背景排除在画面之外；利用景深把背景虚化……这些方法都可以收到简洁背景的效果。

（三）注重对比

摄影是平面造型艺术，如果没有影调或色调上的对比和间隔，主体形象就会和背景融成一片，从而不易被识别。背景应该和主体形成对比，才可以使主体具有立体感、空间感和清晰的轮廓线条。图2-58则是通过动静对比很好地表现了舞蹈表演的热闹场面。

图2-58　《舞影》　摄影：赵涵

知识卡片

如何处理背景的色调

背景色调不能与主体相近、相融合，否则不利于突出主体，背景色调与主体适宜于形成对比或互为补色。可以遵循这样的口诀："暗的主体衬在亮的背景上，亮的主体衬在暗的背景上；亮的或暗的主体衬在中性灰的背景上；主体亮，背景亮，中间要有暗的轮廓线；主体暗，背景暗，中间要有亮的轮廓线。"

第六节　画面的留白

留白（空白）指画面中没有具体形象的深的、浅的色块，它们是由单一色调的背景所组成，形成实体形象之间的空隙，是画面中不可缺少的组成部分，它连接画面中主体、背景、前景等景物。常用的是水面、草原、土地、云、雾、烟、水面上的波纹或者看不清具体形象、虚化的深浅不同的景物。空白在画面构图中有如下作用。

一、突出主体

空白虽没有具体内容，但同样起着突出主体的作用。构图时要在主体四周留有一定空白，可以给观众赏心悦目的视觉感受。留白是造型艺术的一种规律，北京故宫的建筑就体现了这一特点，其空白布局，使建筑条理分明，严谨有序。主体建筑太和殿周围留有三万平方米的空间，使它的雄伟气势更具有震撼人心的威力。摄影艺术的画面布局也应遵循这一法则，给主体周围留下单一色调的空白来突出主体。图2-59通过大面积的空白以及黑白的对比很好地突出了主体。

图 2-59 《回家》 摄影:王洋洋

二、创造意境

画面上的空白有助于创造画面的意境。一幅画面如果被实体对象塞得满满的，没有一点空白，就会给人臃肿、压抑的感觉。画面上空白留得恰当，才会使人的视觉有回旋的余地。人们常说“画留三分空，生气随之发”，空白留取得当，会使画面生动活泼，空灵俊秀。

空白处，常常洋溢着作者的感情，观众的思绪、作品境界也能得到升华。画面的空白不是孤立存在的，它是实处的延伸，所谓空处不空，正是空白处与实处的互相映衬，才形成不同的联想和情调。图2-60在画面上留有大面积的空白，正是这种空白使得画面意境深远。

图 2-60 《清影》 摄影:姜杰

三、形成呼应

空白还是画面上组织各个对象之间的呼应关系的条件。不同的空间安排,能体现出不同的呼应关系。呼应总是由两个对象之间有一定距离构成的。一切物体因形状不同,使用情况不同、线条伸展方向不同、光线照射不同等情况,都会显出一定的方向性,有向背关系。合理地安排空白,可以利用方向性组织各个对象的呼应关系。

留白一般的规律是,运动着的物体,如奔驰的骏马,前面要留有一些空白,这样可以使观众心理上感觉通畅,加深对物体运动的感受。人的视线也是一种具有运动感的力量,在人物视线的前方多留一些空白,也是合乎人们欣赏的心理要求的。如图2-61所示,顶住画面边缘的人如果正回头往后看,后面多留一些空白则可以使画面更具有均衡感。图 2-62 强调的是野驴奔跑时后面腾起的泥土烟尘,这时,后面留下的空间可以比前面多。总之,拍摄时要多加思考,善于灵活、具有独创性地运用空白。

图 2-61 《回眸》 摄影:Peter Nguyen

图 2-62 《野驴》 摄影:崔春起

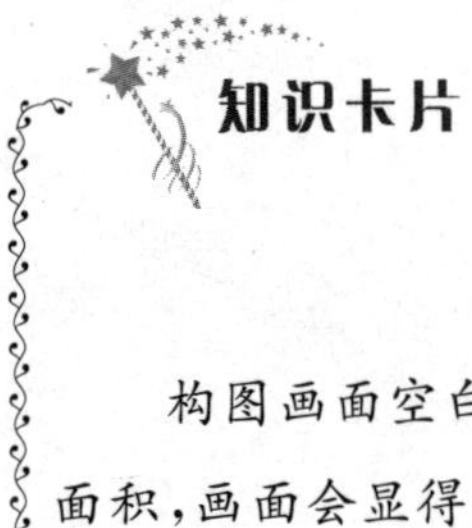

留白多少算合适

构图画面空白留多少要依具体内容而定，一般说空白总面积大于实体所占面积，画面会显得空旷，但处理得好有时会取得某种意境；空白少实体形象占绝大部分，画面拥挤不透气，但如果处理得好也会有写实自然的效果。应该防止两者在画面上面积相等、对称，产生的呆板感。此外，空白的留取还与对象的运动有关。

第七节　摄影作品的标题与说明

一、标题

摄影作品命名，是摄影作品的再创作，也是一门艺术。摄影作品拍摄得再优秀如果不会为其命名也只能说是成功了一半。拍摄者平时要注意提高文学艺术修养，多看看一些优秀照片的标题，提高命题能力。

（一）标题的地位和作用

一幅优秀的摄影作品，它的艺术魅力除来自画面本身的艺术效果外，还必须有一个形象生动、内涵深刻、凝练而有诗意的标题。

摄影的标题，要兼顾画面的内容，要与画面互相呼应。标题的选取要取决于摄影师与摄影作品的表现意图。

好标题的作用主要有：点明主题，增加理解；引申含义，产生联想；升华主题，发人深思；表明看法，阐明立场。

（二）标题的类型

常见的标题方式主要有叙述式、抒情式、评论式三种。

1. 叙述式标题

叙述式标题是用客观性词语叙述画面，帮助读者理解画面内容，如人物、时间、情景、地点等的标题方式。叙述式标题不融入摄影师太多的个人意识，以介绍说明为主，留下的画面情感由读者自己去体会。有的风光摄影家的标题，只有时间和拍摄地点，如《泰山日出》，说明了拍摄这张照片的地点和时刻。安塞尔・亚当斯的很多作品也采用这种命名方式，比如其代表作之一《月亮和半圆山》就是这样命名的，如图 2-63 所示。还有的是以某一自然现象命名，如《日出》、《雾凇》等。

图 2-63 《月亮和半圆山》 摄影:安塞尔·亚当斯

2. 抒情式标题

抒情式标题在于引导读者深入摄影师的画面意境，启发观众由此及彼产生联想，引起情感上的共鸣。抒情式标题常用比喻、比拟等手法抒情，比如《愤怒的海》。也可以借用音乐、歌曲、乐器等进行抒情命名，比如《圆舞曲》《劳动进行曲》《渔舟唱晚》等。或者用诗意表现一定的意境，如图 2-64 所示。

图 2-64 《烟雨清东陵》 摄影:刘满仓

3. 评论式标题

评论式标题有着摄影师强烈的个人意向，着眼于画面内容的评论和摄影师的爱憎倾向，观点明确，含意深刻，如图 2-65 以《我心飞翔》为题展示了年轻人的青春与活力。

图 2-65 《我心飞翔》 摄影:解之诚

(三) 标题的创作原则

1. 真善美的原则

对于摄影作品来说,触动灵魂,直击灵魂深处,是一种高层次的体验和感受。命名要善,就是通过名字能反映出作者的创作倾向性。要使思维角度立足于时代的前沿,充分发挥想象,使其与社会联系起来,从而为现实社会服务;命名要美,就是真与善的形象体现,通过标题体现出作者主观上积极向上,面向未来,为社会、为人民造福的意愿。

2. 求新出奇的原则

艺术的生命在于创新,这也是命名艺术最难而又必须遵从的原则。用词要新,立意要新,把握住时代的脉博,使创作和命名与时代紧密联系。

3. 优雅、含蓄的原则

优雅、含蓄就是要使名字充分体现出优美、温柔、宽松的意境。要含蓄不能太直白,给读者留下思考和想象的空间。让读者用自己的亲身体验和感受来欣赏作品的蕴意和内涵,从而受到启发。

4. 幽默、诙谐的原则

幽默就是让人发笑的审美效应,其本质特征就是寓庄于谐,让人在笑声中满足审美要求。在摄影作品的命名中可运用比喻、夸张、寓意、双关、象征、谐音、借代等各种修饰手法,从而达到幽默的效果。

5. 精练、形象的原则

摄影是视觉形象艺术,在构成上有它特有的语言,所以在命名时,用语要做到精炼、形象,不应成为只是对画面的解释。

二、说明

（一）照片说明的作用

一幅照片常常需要一些说明性的文字，照片说明对照片内容来讲具有如下作用。

1. 延伸照片内容

从照片本身无法看到、无法判断的内容，要通过文字说明来加以弥补。对非交代不可的内容，要善于通过精练的文字说明，准确无误地向读者交代清楚。

2. 强化照片内容

用带有感情色彩的文字和形象语言，使照片更具视觉冲击力。关于香港回归新闻照片《彭去董来》，如图 2-66 所示，其说明为："1997 年 4 月的一个黄昏，前香港总督府门外，时任香港总督彭定康与香港特区候任行政长官董建华在跟各方媒体记者简短见面后，彭定康低头转身离去，而董建华则笑容满面地向记者挥手。"1997 年 7 月 1 日，我国香港正式回归祖国。6 月 30 日，驻港英军在皇后巷广场最后一次降下英方旗帜，这是历史的见证、政权交接的见证，如图 2-67 所示。拍摄这张照片时，皇后巷广场人山人海，来自世界各地的人们见证了这一时刻。这两幅作品的说明都是用简短的语言强化了图片蕴含的政治含义，让人们从图片中读出了历史的厚重和时代的变迁。

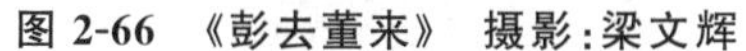

图 2-66　《彭去董来》　摄影：梁文辉

图 2-67　《英军降旗》　摄影：邓维摄

3. 评论照片内容

在文字说明写作中，要注重阐述照片的现实意义，揭示照片报道的深刻内涵，增强照片的说服力，放大照片的震撼感。

（二）照片说明的基本要求

照片说明的要求很多，不同的赛事对照片的说明要求不同，不同的报纸、杂志等对照片的说明要求也不一样，但是基本都遵循以下几个方面。

1. 力求简洁

可说可不说的话，最好不说；非说不可的话，要尽量简洁；能够用一句话说清楚的，坚决不说两句话。真正优秀的照片，要努力追求不用文字说明就能让人明白的境界。

2. 不可替代

能够从照片上读出的意思，说明文字就不要再重复，拍摄者要相信观众的读图能力。照片说明交代的内容，应当是观众在读图中必须知道而文字说明又为唯一来源的内容。

3. 恰到好处

照片说明只能点睛，不能添足。好的照片配以好的说明，照片为文字提供佐证，文字为照片点睛，图文相辅相成，相得益彰。

（三）照片说明撰写方法

1. 深入挖掘

拍摄照片时要深入挖掘，全面了解图片的背景和过程，全面了解图片的深刻意义，精准提炼主题。

2. 求短求实

照片说明要求突出主要事实，语言简洁明快，内在逻辑严密，文法通顺达意，叙述生动有趣。文字说明必须突出主要事实，要紧紧围绕照片所反映的事实进行阐述。

3. 生动有趣

要通过文字说明使画面活跃起来，图片的文字说明要追求诗意，追求含蓄，追求美化，努力让有限的说明文字带给人联想、美感、回味。

4. 内容全面

照片不能反映的信息说明要力求介绍全面，写作过程中可以遵循 5W 原则：When（时间）、Where（地点）、Who（人物）、What（事件）、Why（起因）。

思考与练习

1. 什么是摄影构图？
2. 如何选择画幅？
3. 常用构图方法有哪些？
4. 景别是如何划分的？不同景别有什么作用？
5. 前景和背景具有哪些作用？拍摄过程中应如何处理？
6. 空白在照片中有何作用？
7. 如何为照片命题？
8. 照片说明有何作用？

第三章　光的造型

学习目标

1. 熟练掌握及运用自然光线拍摄景物、人物
2. 掌握人工光的要领
3. 了解掌握室内布光的方法要领
4. 掌握闪光灯的使用技巧

摄影是光与影结合的情感艺术。在拍摄时，光线的照射会产生明暗层次、色调和线条，从而产生不同的艺术效果。因此，我们在拍摄时，首先要了解每种光线的性质、来源以及它们能够为拍摄效果带来的影响，从而自如地运用这些便利的条件，充分表达摄影师所要表现的情感效果。

第一节　一天中自然光线的变化

光线是摄影师的画笔，为摄影艺术的造型提供了丰厚的条件。在一天之中自然光线的强度和角度都在随着时间的变化而变化。一天中的自然光分为六个时间段，分别是：清晨、上午和下午、中午、傍晚、日落和余晖，这几个拍摄时刻都具有其典型的成像效果。

对于被摄物体，在自然光的条件下可分为两种情况：一种是固定的，比如山川河流、高楼大厦、植被等；而另一种则是可动的，比如人物、动物等。但是，其区别在于，固定被摄物需要在特定的时间条件下进行拍摄操作，可动被摄物则可以灵活变换。

一、清晨

一般情况下清晨的光线都比较柔和，适合拍摄景物。清晨太阳刚刚升起时，与地平线形成 0～15°的夹角，此时的阳光能够为地面上的建筑、植物等物体投射出很大的影子，使得画面立体感强烈。间接反映了物体的形状，远近深浅的结合使得画面的造型充满含蓄、优美、富有寓意等特点，给人留下充分的思考与想象空间。

清晨这一时刻被称为“精彩的照明时刻”。通常一些经验丰富的摄影者会选择这一时刻进行拍摄，因为在这短暂的十几分钟里，景物的受光面会在光线的渲染下变为偏暖色调。如果利用这一时间段拍摄，需注意时间的把握，光线变化很快，强弱变化也很明显，所以在拍摄时不仅要抓紧时间，更要注意控制曝光量。

有时，清晨还伴有雾水，光线在穿过晨雾的同时被大量的散射，柔化的光线在晨雾的伴随中透视效果顿时增强，尤其在逆光条件下表现得更加突出。在这种条件下，虚实、藏露、朦胧的效果使用得当会使画面充满意境，如图 3-1 所示。

图 3-1　清晨拍摄的画面

二、上午和下午

上午八到九点和下午三到四点的阳光都处于与地平线 15°～60°的夹角之间，而这两个时间段的光线变化相对稳定，无论是色温还是强度都处于比较固定的区域之间。在这一时间段中所拍摄的景物都能够得到均匀的光线照射，使得被摄物体的轮廓更加鲜明，质地更加突出，画面的线条更加硬朗，形成极好的明暗反差，如图 3-2 所示。

图 3-2　《山谷之寨》　摄影:王明明

三、中午

一天中，中午的光线最强烈，太阳垂直照射，使地面上的物体所形成的投影很小，同样，垂直于地面的接触面则几乎受不到光照，而平行于地面的接触面则普遍被照亮。这种光线条件下，不适于拍摄人物和表达层次感的物体，但由于光线的单一，却可以表达粗犷的情感和反差较大的画面，如图 3-3 所示。

四、傍晚

傍晚的光与清晨相似，但在傍晚时分拍摄时，由于地面在一天的日照之后温度较高，空气中的尘埃和水蒸汽更多，对阳光的反射和折射更加强烈，因此阳光的色温较早晨偏低，景物的色彩较早晨偏暖，如图 3-4 所示。

图 3-3 《发现王国》 摄影：王朋娇

图 3-4 《晚霞》 摄影：张子昭

五、日落

日落时的太阳既是光源又是拍摄对象，这一时刻的光线变化非常快，色温变化也大，这一时刻光线中含有的长波光比较多，天空及地面都会形成金色的色调倾向，这时往往会拍摄到效果极佳的摄影作品，如图 3-5 所示。

图 3-5 《秋水下夕阳》 摄影:邢依诺

六、余晖

余晖通常出现在从太阳落山到天空星星出现之前的时间段。在这个时间段中，日落方向靠近地面的天空较亮，正上方天空较暗，地面上景物被微弱的天空散射光所照明，普遍亮度较低，天空通常呈现为红色。这种光线不易表现景物的细部层次，而适合于拍摄剪影效果，如图 3-6 所示。如果黄昏时刻运用人工光对地面景物进行补光，可以拍出背景层次细腻而丰富的夜景效果。

图 3-6 《日落》 摄影:刘聪

第二节　光的性质及形态

光的性质及形态按照光源所发出的光线强弱程度，分为直射光(硬光)和散射光(软光)。

一、直射光（硬光）

所谓直射光，是未经任何遮挡、折射而直接照射在景物上的光。比如，太阳直接照射的光，裸露的灯泡、闪光灯等直接照射在被摄物体上的光线都是直射光，通常这种直射光也被称为硬光。直射光会使不透光物体的表面产生相对强烈的反射光，同时能使被摄物体投射出明显的阴影。所以被摄物体的受光面、背光面和影子所构成的立体效果很明显，如图 3-7 所示。

图 3-7　《丰收的背影》

摄影：徐文婧

直射光的特点：光的照射强，方向性明显，照射在被摄体上，易形成清晰的轮廓边缘、明暗反差大的影调及明显的投影，对被摄体的造型和立体效果的塑造力强，有助于塑造形象，表现质感，产生趣味性强的图案。但是直射光也会抹淡细节，减少影像的层次。这种光效可以达到有“力”度和“硬”艺术效果。

如果利用直射光照明拍摄人物，其光比大，明暗反差强烈，立体感强，适合表现性格坚强刚毅的被摄者。若作为逆光来拍摄人物，会在人物四周产生轮廓光，此时常常需要对被摄者的暗部加以补光照明，以缩小光比，缓和明暗反差，真实感则会大大提升。

二、散射光（软光）

所谓散射光，是经过遮挡后照射在景物上的光，散射光是一种漫反射性质的光。例如薄云遮日、晨曦或暮霭、白灯泡、磨沙灯泡、闪光灯前装散光片、白炽灯前设置柔光罩、柔光伞等的光线都属于散射光。

散射光的特点：光源方向性不明显，光线比较均匀，照明在被摄体上不产生明显的投影。散射光的照明缺乏明暗反差，影像平淡，被摄体的立体感、质感表现较弱。

使用散射光拍摄人物时，明暗反差小，面部光线相对平柔、均匀，整幅画面的影调结构柔和，而画面语言的表达则需要靠色调和自身的明暗来体现，如图 3-8、图 3-9 所示。拍摄景物时，阴天是最为典型的散射光，阴天时的高色温易造成画面偏灰蓝及色调平淡。

图 3-8 《归航》 摄影:李文笛

图 3-9 《回忆》 摄影:邬瑶瑶

第三节　摄影用光的基本光线

摄影用光的基本光线包括顺光、侧光、逆光等,如图 3-10 所示。

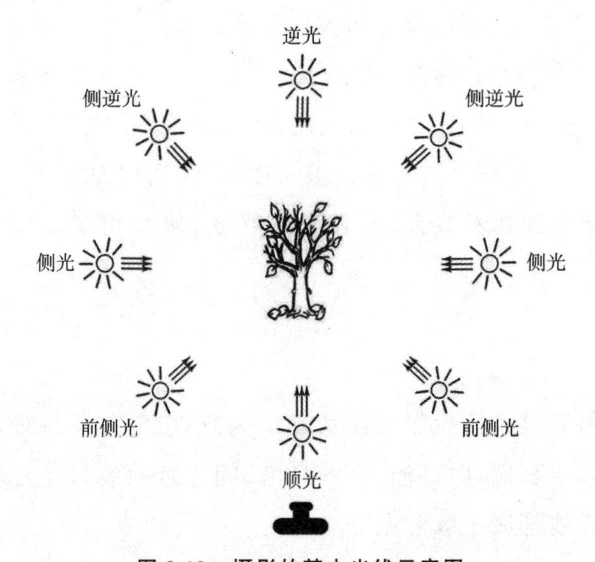

图 3-10　摄影的基本光线示意图

一、顺光

光线投射方向与数码相机光轴方向(拍摄方向)一致的光线称为顺光。

顺光拍摄时,对真实再现被摄景物的颜色有很大的表现力,画面明朗干净。另外,顺光能够减弱被摄体凹凸不平的粗糙感,所以顺光适宜拍摄明快、清朗、素雅的高调画面,例如为了表现年轻女性、儿童光洁、细腻、平滑的肤质,采用顺光拍摄为最佳,如图 3-11 所示。

顺光拍摄时,画面很少或几乎没有阴影;明暗反差较弱,影调变化不大,画面较平淡，不能很好表现景物的立体感、空间感，也不适合表现空间透视。在运用顺光拍摄时一般应选择与被摄体颜色、亮度差别较大的景物作为背景，这样就能在画面上较清晰地显示出被摄物体的轮廓，表明它和背景的关系，在一定程度上弥补顺光所造成的缺少明暗变化、画面平淡的不足。另外拍摄人物像时，如果光源偏高，被拍者在眼窝和鼻下会形成一个类似蝴蝶形的投影。同时，过强的光线还会使被摄者皱眉、眯眼，使脸上的皱纹、斑点毫无保留地显露出来。

二、前侧光

光线投射方向与数码相机光轴成45°角左右的光线称为前侧光。

使用前侧光拍摄时，由于光线与被摄体形成了一定的角度，受光面和阴影面就有了明显的差别，构成了一定的明暗变化，形成了生动的影调层次感，使得被摄物体的立体感、层次感、轮廓感和整幅画面的质感都表现得淋漓尽致。

前侧光和正侧光相比，它所形成的层次更丰富，影调更柔和；和顺光相比，也比顺光的影调丰富，明暗反差强烈。所以，前侧光是被运用得最普遍的光线，一般概念上的侧光，主要是指前侧光。前侧光中用得最多的是高位前侧光。采用高位前侧光照明拍摄人物，常在人脸的暗部形成一个倒三角形的光区，如图3-12所示。在人物摄影中，被称做“三角光”照明。

图3-11　顺光拍摄人物

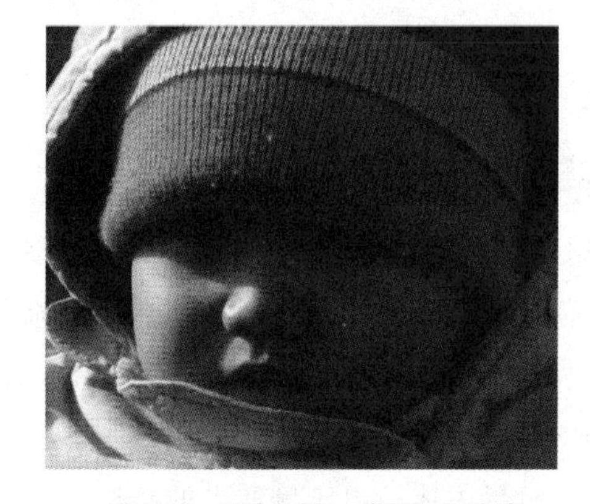

图3-12　《看世界》　摄影：贾宏岩

三、侧光

光源位于数码相机一侧，投射方向与数码照相机光轴成90°角的光线为侧光（正侧光）。

使用侧光照明时，被摄体的受光面和背光面的明暗对比强烈，可以形成比较丰富的影调层次，较好地表现景物的立体感、轮廓感和表面质感，尤其是对粗糙、凹凸不平的物体表面，表现极为突出。

正侧光因明暗反差过大，会在被摄物体上形成明暗对等的两部分。特别是在拍摄人像时，会出现面部半边黑，半边白的“阴阳脸”现象。为防止出现这种情况，应在暗部增加一些辅助光，缩小光比。另外，正侧光能使被摄物体表面上的每一个细微起伏都产生明显的阴影，从而精细地表现出被摄物体的质感特征。此特点特别适合用来拍摄如浮雕、石刻等物体，因此被称做“质感照明”，如图 3-13 所示。

图 3-13　侧光拍摄　摄影:裴仙英

四、侧逆光

侧逆光是指光线投射方向与数码相机光轴方向成 135°左右时的光线。

运用侧逆光拍摄，被摄物体只有侧后方受到照明，受光面小于背光面，所以画面中阴影的面积比较大，往往形成暗调效果。光质柔和的侧逆光还能充分地表现出被摄体的纹理和质感，如图 3-14 所示。

侧逆光会使景物四周的大部分形成轮廓光，这一光感不仅描绘了景物的轮廓特征，还突出了被摄主体。由于侧逆光的暗调效果，通常情况下会选择这类光线拍摄剪影、半剪影的作品。侧逆光运用主光进行艺术造型，使得画面的光比大、反差强烈、空气透视感强、形成影子等。在拍摄时，由于影子的长短、形态不同，所要表现的空间感、立体感就不同，从而转化成画面构图的必要视觉元素之一。

图 3-14　侧逆光拍摄　摄影:刘明睿

五、逆光

光线的投射方向与数码相机的光轴方向相对,来自被摄体后方的光线称为逆光。

逆光拍摄能很好地突出被摄物体,表现被摄景物的轮廓线条、空气透视效果和空间深度。因为逆光使被摄物面向摄影机的一面全部或大部分处在阴影中,当背景较明亮时,被摄物会以较深的色调从背景中突出出来;当背景较暗时,逆光照明能使背景和被摄物间产生“亮线”,把被摄物的轮廓勾画出来。另外,当在逆光照射下,由于受到空气介质的反光影响,景物亮度从近到远,一层层加强,画面上的景物色调就从近而远,层层浅淡下去,充分表现出空气透视的特点,从而使画面的空间感表现得更为强烈,如图 3-15 所示。

图 3-15　逆光拍摄　摄影:李露文

逆光拍摄时要注意曝光量必须充分但不能过度。一般应以阴暗部分的亮度为基准进行曝光,若拍摄剪影照片,要以亮部为基准,使主体曝光严重不足。

第四节　室内自然光造型

室内自然光是指在室内环境中受到自然光的直射照明、散射照明或两者共同照明的光线效果。

一、室内自然光的基本特征

室内自然光的照明效果受到两个主要因素的影响:一是自然光运动规律;二是室内建筑结构。在这两个条件的作用和制约的同时也展现了其基本特征。(1)自然光效的真实再现。表现为自然光投射的方向及其变化、性质、明暗变化、色温等方面。(2)自然光照明的统一、质朴、简洁构成和谐的光线造型效果。(3)自然光与人工固有光混合照明的效果。人工光源较为复杂多样,会对摄影的色彩造成影响,但是这种混合光也构成了室内光线的一种特征。

(一)室内自然光的主要成分

室内自然光主要是室外天空散射光。由于建筑结构影响,室外自然光主要光源只能通过门窗少量的投射到室内。因此,室外天空散射光成为照明室内的主要光源,其特征也必然影响、作用到室内散射照明效果。但在一定时间范围内变化不显著,具有一定的稳定性。这样的特征就对摄影起着非常有利的作用。照明效果简洁、统一、真实,是人工光所不能及的。同时,在使用人工光辅助时,应当注意与自然光照明效果保持一致,即考虑到照明的性质、亮度、投射方向及光比等因素。

影响室内自然光照明效果的因素包括气候、季节、一天之内地球自转等。

(二)影响室内自然光下的被摄体亮度的因素

(1)受建筑物玻璃门窗的面积和数量影响。玻璃门窗的面积越大、数量越多,投射的光线就越多,室内就越亮;反之室内就越暗。

(2)受被摄体距门窗远近的影响。被摄体距门窗越近,就越亮。反之就越暗。

(3)受太阳光的影响。太阳光的投射角度和强度不同,室内自然光的亮度就会随之发生较大范围的变化。太阳是不断运动的,由平射、斜射投射到室内的光线亮度要比顶射的亮度强。另外,太阳光的强度也影响着室内的亮度,太阳光照度越大,室内越亮;反之就越暗。

(4)受室外景物影响。即室外较为空旷,无建筑遮挡物时,室内投射光线充足,室内就会亮些;若室外有建筑物、大树等遮挡光线的照射时,室内就会更暗。

(5) 受室内景物反射率的影响。室内景物反射率高,室内就亮;反射率低,室内就会显得暗一些。

(三) 室内在天空散射光和太阳直射光同时照明情况

(1) 太阳直射光和散射光照射到被摄体上的亮度相差很大,景物亮度间距也就非常大。

(2) 人物在阳光下形成较复杂的造型结果。

(3) 由于地球自转改变了阳光投射的方向,从而也改变着阳光的强度、光谱成分、色温以及投影长短等因素,所以这种混合光照明效果的变化很大也很快。

在室内照明混合使用人工光和自然光的情况下,其使用的主次依据拍摄需要而定。为控制好拍摄时的亮度平衡,摄影师需要选择好拍摄时间、拍摄角度、构图、人工辅助光、简化处理等,使得画面的光线平衡得到恰当的处理,从而创造出生动的、真实的画面造型效果。

二、室内自然光的处理

室内自然光的光线处理即选择和光线平衡的问题。

选择是指在室内选择光线投射的方向(或选择拍摄的角度),即顺光、侧光、逆光等;直射光、散射光等;光源多少等。

光线平衡一是指室内、室外的亮度平衡,二是指室内亮部、暗部的亮度平衡,尤其是直射阳光的情况下亮度的平衡控制。亮度平衡就是摄影者根据作品内容和造型需要,进行敏感强度、范围、对比、面积等影调配置的控制。

知识卡片

如何获得亮度平衡

获得亮度平衡的方法很多,常用的包括:利用人工光进行辅助照明,使得亮度平衡。在构图时,避开高亮度光源,获得亮度平衡;对高亮度景物遮挡,使其面积减小,不起主要作用;控制曝光,让亮部过度曝光,暗部曝光不足,其他部分亮度及影调得到平衡。

第五节　光与影

一、光影的构成

物象在直射光照明下就会形成受光面、背光面和影子三个主要部分。

受光面：被直射光照明的部分。

背光面：非直射光照明部分，而是受到天空散射光和环境反射光照明的部分。

影子：即投影，是这一物体投射在另一物体上的影像。

但实际生活中，环境反射光对景物的照明构成复杂的景物明暗层次即受光面最亮部、亮部、次暗部、暗部和影子。

二、投影与光的关系

1. 投影的长短与光源的高度有关：阳光在平射时投影就长，顶射时投影就短。

2. 投影的大小与光源有关：在点光源下，光源距离物象越近，投影面积就越大，反之，光源距物象越远，投影面积就越小；在平行光源下（如太阳光）投影面积的大小与光源距离无关。

3. 投影的虚实与光的性质有关：使用直射光照明时，投射的影子实；使用散射光照明时，投射的影子虚。

4. 投影的数量与光源的多少有关：一个直射光产生一个影子，直射光的数量与影子的数量成正比。要想在画面中形成一种简练真实、有秩序的光线效果，用一个光源是最理想的。

三、投影在画面造型中的作用

1. 投影是构成时间观念的重要因素。早晨和傍晚属于光的平射时期，所以投影会被拉长；正午时刻阳光在顶射时期，所以投影就会缩短。人们通常借助这种生活经验来判断时间因素。

2. 投影是构成被摄体立体感的重要因素。

3. 投影是画面构图的视觉元素。画面构成、明暗关系、造型、平衡感都起着一定的作用，如图 3-16 所示。

图 3-16　《竹隙晨曦》　摄影:吴博昊

四、投影形态对画面的影响

利用影子(阴影)处理光的虚实,手段含蓄,能起到突出主体、减弱琐碎物体表现的作用。一定角度造成的投影与被摄体形状相似,能强化被摄体的表现,突出视觉中心。随光源投射高度等因素的改变,投影的形态也会随之发生转变,形成富有感染力的视觉元素,以美化画面。

1. 投影的面积

投影面积大,会构建肃穆、凝重、低沉、压抑等效果。反之,投影面积小,则会形成明亮的影调,使画面富有明朗、轻快、活泼的氛围。

2. 投影的色调

通常人们由于心理错觉会认为浅色调轻,暗色调重,因此,为了均衡画面的影调,摄影师需要充分利用投影来处理画面布局。

3. 投影的方向

投影在画面中的方向,既表示了光源的投射方向,同时也会引导观众的视觉方向。剪影、半剪影是一种特殊的投影,如图 3-17 所示,这种光影效果使画面简洁而富有感染力。

图 3-17　《海边思绪》　摄影:陈虹

第六节　光与空间感

光是摄影画面中体现空间感的重要手段，一方面，取决于我们在取景时对光线因素的考虑；另一方面取决于利用补光手段改善画面的空间感。俗话说，“画以深远为贵”。也就是说，摄影时应重视空间感的表现，注重被摄物体之间的空间距离感。在摄影实践中，对空间的感受与透视规律有关，因此利用透视上的变化，可以增强画面空间感。

透视规律有空气透视和线条透视之分。

一、空气透视

人的视觉在观看有较大的纵深度的景物时，由于大气层的缘故，远处的景物轮廓较模糊，反差较小，亮度较大；近处的景物轮廓清晰，反差较大，亮度较小，画面产生明显的空间感、纵深感即空气透视。空气透视也被称为阶调透视、影调透视等。

空气透视是以明暗配置展现空间的一种形式，由于观看位置的不同，近处景物暗，远处景物亮。因此，在风景摄影中，对影调的处理使远处景物影调浅一些，近处景物影调深一些，往往有助于画面产生明显的空间感，如图 3-18 所示。

图 3-18　空气透视

（一）空气透视的成因

由于大气及空气介质（雨、雪、烟、雾、尘土、水气等）对光线的扩散作用，空间距离不同的景物在明暗反差、轮廓的清晰度及色彩的饱和度方面也都不同，从而使人们看到近处的景物比远处的景物浓重、色彩饱和度高、清晰度高；远处的景物比近处的景物淡轻、色彩饱和度低、清晰度低，这种现象在画面中就形成了空气透视效果，如图3-19所示。

图3-19 烟雾的空气透视

(二) 影响空气透视的因素

(1) 光线性质。直射光照明下空气透视效果好，散射光照明下空气透视效果弱。

(2) 光线强度与投射斜度。在光的强度不是很大的平射时期，空气透视效果就会好些。随着太阳光强度增加，光的投射角度逐渐斜射和顶射，空气中水分子逐渐被蒸发完，空气透视效果随之也削弱。

(3) 光线投射方向。顺光投射时阴影在景物背后，景物明暗对比度弱，淡化了透视。

斜侧光、侧逆光、逆光投射时景物有受光面、背光面以及影子有明暗变化，增强了空气透视。

(三) 空气透视的处理

景物的影调效果在很大程度上是由其本身的深浅决定的，但是，在拍摄时常用逆光、侧逆光、烟雾、早晨和黄昏及专用滤光器等，加强其透视效果，也能改变景物的影调效果，为表现意图服务。在构图时包含前景、中景和远景，通过不同距离上景物的影调对比也可以增强画面空间感。

二、线条透视

(一) 线条透视的定义

线条透视是画面中的影像及线条按一定的规律结构以表现空间深度的一种方法。一是指与视轴平行的线条，向远处延伸时相互距离缩短，当到达地平线时交于一点，如图 3-20 所示；二是指景物距离观看者的位置远近不同而感到大小不同，近处景物大，远处景物小。这种大小对比越强，空间感越强。

图 3-20 《百年脚印》 摄影：王朋娇

（二）影响线条透视的因素

1. 拍摄距离

在控制拍摄距离时，画面景物形象呈现近大远小，画面空间感较强，如图 3-21 所示。

图 3-21 拍摄距离对线条透视的影响

2．镜头焦距

在使用短焦镜头拍摄时，会形成近大远小的强烈对比，夸张前景影像，景深大，画面空间感强，如图 3-22 所示。而使用长焦镜头拍摄时，景物间的距离被压缩，大小对比不强，画面空间感弱。

图 3-22　《宁静图书馆》　摄影：李芳

3．拍摄高度及方向

在仰拍时，前景突出高大，后景相对缩小，其画面空间感能够充分地表现出来，如图 3-23；而在俯拍时，后景能越过前景而进入画面当中，正面拍摄物体时，画面空间感弱。

图 3-23　《时代》　摄影：李睿超

斜侧方向拍摄景物时，纵深方向平行的线条会向远处延伸集中，最后消失在视平线的一点（消失点），有利于加强画面的空间感，如图 3-24 所示。

图 3-24 《芦苇荡》 摄影：王朋娇

第七节 光与质感

一、质感

在视觉艺术和造型艺术中，所谓质感即是物体表面性质和物体颜色的真实感觉，如图 3-25 所示，画面中的主体质感突出，给人真实亲切的感觉。

图 3-25 《质感》 摄影：兴旭

摄影时，通过不同手段正确地表达物体的质感，是摄影作品创作的基本要求之一。摄影中充分表现被摄体的质感，可以达到以下作用。

1. 质感能给人真实、生动和亲切的感受，使画面更有生气。

2. 不同物体的表面具有不同的质感，观众能够通过质感的表现更清楚地认识摄影画面中的意境和主体。

3. 质感能够表现思想情感和一定的心理。

二、光与质感

物体的质感是多种多样的，但是概括起来可以分为四大类：镜面表面、粗糙表面、透明表面、光滑表面。

（一）镜面表面

镜面表面是指具有镜面反射的物质，如镜面玻璃、电镀的金属、抛光金属等。其表面光滑，反射率高，且呈单向反射，形成较大的亮暗差距，如图 3-26 所示。因此，在反射角上能看到光源形成的亮度，使物体表面或局部产生亮度很高的亮斑，而在其他角度上反光很少，因此亮度较暗。

镜面的表面在光线处理上比较困难，因为它反射能力极强，方向集中，造成表面上明暗反差很大，使得亮斑曝光过度。所以在进行光线处理时应当使用弱的散射光照明，可以使光斑亮度稍微降低些，同时也可以使物体表面亮度均匀些。

图 3-26　镜面表面质感

同时镜面又很容易把周围的物体形象反映出来，这种效果正是镜面表面的独有特性。我们在拍摄时要充分利用这一点，从而体现镜面的质感。

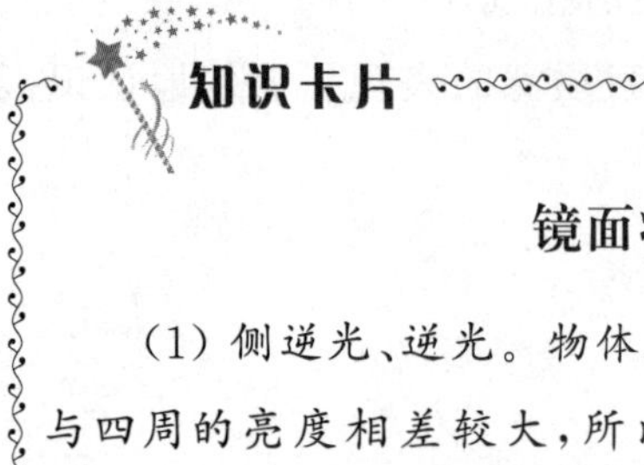

镜面状态的物体表面光线处理

(1) 侧逆光、逆光。物体表面形成单向反射，在物体表面产生强烈的光斑，且与四周的亮度相差较大，所以，光斑及其四周的物体质感就产生无法避免的损失。

(2) 前侧光、侧光。在立体的物体表面形成较大的明暗差距，但不会产生刺眼的单向反射光，只要适当地在暗部增加辅助光，就可以减少明暗的亮度差，使物体的质感能较好地表达。

(3) 顺光。不会形成单向反射的现象，也不产生强烈的明暗反差的亮度间距，照明效果比较均匀。因此，顺光是有利于对镜面物体的质感的表达。

(4) 散射光。当散射光由顺光、前侧光、侧光等方向产生时，物体表面不会形成光斑，有利于对物体表面质感的传达；在散射光来自侧逆光、逆光的方向时，物体表面就会产生微弱的局部的光斑，但若能提高辅助光的亮度，减少亮度差，也能较好地表达物体表面的质感。所以在拍摄镜面表面的物体时，应以散射光线为主，直射光的局部照射为辅来表现其质感。

(二) 粗糙表面

粗糙表面的特点是有规则和不规则的高低起伏变化凸凹不平。对投射来的光线呈漫反射状态，方向性不强，其表面亮度较为均匀，无光斑存在，如图 3-27 所示。在物理学上属于漫反射的表面，如粗糙的呢子、麻袋、粗纤维的织物、水泥等。

根据表面粗糙程度的不同，粗糙表面可以分为粗糙和比较粗糙的表面。比较粗糙的表面结构上虽然也是凸凹不平的，但起伏并不大，不仔细观察的情况下觉察不到。所以对这种表面进行光线处理时不宜使用强光照明，因为强光容易淹没细小的表面结构反差，同时会造成曝光过度。所以，要用较弱的直射光在斜侧位置上照明，从而表现其质感。而粗糙的表面，人眼是能够直接观察到的。为表现出凸凹不平的这种表面，则必须用斜侧的直射光来照明。如果按垂直方向照明的话，表面凸出的部分与凹陷的部分因得到同等的照度，则无法表现其凹凸的结构特征。散射光照明亦然。

图 3-27　粗糙表面质感

知识卡片

粗糙表面的物体光线处理

粗糙表面上的每一个凸点都向各个方向反射光，无数个凸起点就向各个方向反射无数反射光，这就形成了散射的现象。因此对粗糙表面的光线处理各具特色。

（1）顺光的处理。顺光照明时，物体表面受光均匀，但表面凹凸不平的特点不能传达出来，所以它的照明效果平淡、没有明显的明暗反差，质感的表现就弱些。

（2）散射光处理。散射光照明时，物体表面受光均匀且照度相同，几乎不产生阴影，所以不能表达物体表面凹凸不平的变化，表达效果平淡。因此，散射光对质感表达也相对弱些。

（3）侧光、前侧光的处理。这两种光都能使凹凸不平的表面产生受光面、背光面及阴影。所以就算再细微的明暗反差，也会有明暗起伏的表现。这两种照明都能比较好地表现物体的质感。

（4）侧逆光和逆光的处理。这两种光的照明不仅能使物体表面凹凸部分形成受光面、背光面及阴影，并且比正侧光和侧光这两种照明所产生的受光面要小，背光面要多。因此，物体表面的质感往往被强化、突出、夸张。

（三）透明表面

透明表面对投射光线进行单向反射和折射，同时呈现规则或不规则的亮度不均的光斑。如瓶子、各种玻璃制品等，如图 3-28 所示。

图 3-28　透明表面质感

知识卡片

透明表面的物体光线处理

透明表面最好采用逆光、侧逆光，这样能够让光线穿过透明体，充分表现其特点。同时，其正面或侧面要布有柔和的辅助光，以保证被摄体质感的表达。在拍摄透明物体时，要注意不宜使用过多的光源，防止在物体表面和内部出现过多的光斑。逆光可采用直射光或用柔光布在物体背后形成的大面积的柔和的散射光来表现其透明质感，正面多采用柔和散射光反射到物体上，尽量避免直射光源，避免多余的光斑。另外要注意逆光和正面光的光比。

（四）光滑表面

光滑表面是指介于镜面与粗糙表面之间的物质表面。这种表面对光线的反射是有方向性的，但不集中，如图 3-29 所示。其中，一半的光线像镜面反射，一半光线像漫反射，因此在物体表面上能够看到有较亮的光泽。例如：丝绸、瓷器及儿童、妇女的皮肤等。

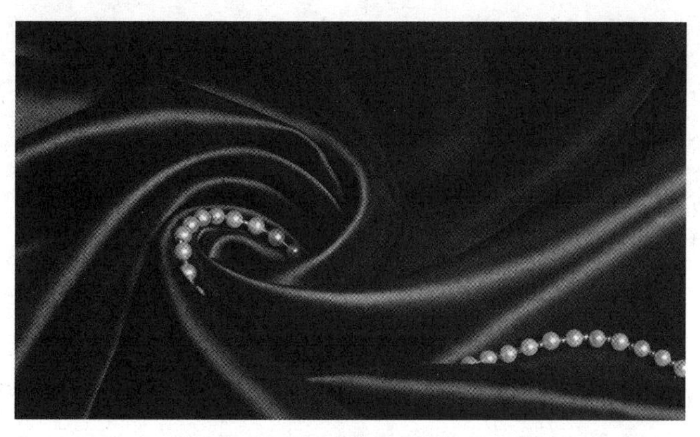

图 3-29　光滑表面质感

知识卡片

光滑表面的光线处理

光线在投射到表面光滑的物体上，既产生散射，同时又会单向反射，构成混合反射的状态。光滑表面的反射状态，一方面取决于光滑表面性质，另一方面取决于观众的视觉角度，即形成一定面积的柔和的耀光。

（1）顺光的处理。顺光照明时，光线均匀、照明方向不产生耀光，所以顺光照明有利于光滑表面质感的表达。

（2）散射光的处理。散射光往往没有明确的投射方向、不产生耀光，所以这种光线也有利于光滑表面质感的表达。

（3）前侧光、侧光的处理。这种光线投射下的光滑表面，由于物体表面的散射情况占主要状况，也不会形成强的耀光，所以对表现这类物体表面质感是有利的。

（4）侧逆光、逆光的处理。这两种光线的照明，构成混合反射的条件，被照明的物体表面，在单向反射的视角上就出现了一定面积的耀光，所以这产生耀光的部分质感就会受到损失。

第八节　人工光线的构成

在摄影实践中往往不只运用一种光线，而是将几种光综合运用于同一个被摄体，才能获得更好的照明效果。根据这些光线的不同造型功能和作用，可将其分为主光、辅助光、轮廓光、背景光、修饰光等多种。

一、主光

主光也称作塑型光，也常称为基调光或造型光。在摄影创作中，为塑造出富有表现力的影像，须有来自不同方位的光线来照明景物，但在这些光线中，必有一种光线起着主导的作用，这就是主光。

主光标示主要光源的特性和投射方向，用来表现景物的形态、轮廓和质感。对艺术形像的塑造，主光起决定性作用，其他光线起陪衬作用。可以说由于主光占据支配地位，因此主光决定景物的调子（高调或低调），其位置会产生高光和阴影所形成的造型轮廓。如主光为顺光，画面多为明亮影调；主光为逆光，画面往往偏暗、凝重。主光为顺光，被摄体的立体感、画面的纵深感表现较弱；而主光为侧光、侧逆光，被摄体的立体感、画面的纵深感较强。

在实际拍摄中，首先要求主光照亮被摄体最主要的和最有表现力的部分，如图 3-30 所示。其次主光位置要根据光线亮度的强弱、光距的远近、上下位置的高低、被摄对象的性格特点、环境特征、作者的创作意图和画面构图的具体要求来确定。另外，主光通常只有一个，而且其他光源的光亮最好不要超过主光。

图 3-30　主光

二、辅助光

辅助光主要用来照明主光形成的阴影，减弱亮部与暗部之间的明暗反差；使被摄体的暗部层次、表面质感及立体感得以更好表现，从而全面地表现被摄体的外部特征。在自然条件下，如果阳光（直射光）是主光，由天空散射、地面和墙壁等反射来的光线即是辅助光。

一般外景拍摄，如以直射阳光为主光，则用反射板或人工照明作为辅助光。内景拍摄，则全部使用照明灯具进行布光，此时应当注意合理地安排光位、角度和投射距离，掌控光照的强弱、光质的软硬、光斑的聚散，从而能够有效地发挥主光、辅助光的造型作用。

拍摄时，应首先布好主光，再决定辅助光的光位和强度。辅助光一般在主光相对的一侧，在被摄体的正侧面，辅助光最好与相机的高度持平，以免出现投影。辅助光的亮度应低于主光亮度，辅助光和主光的光比小，影调趋向柔和；光比大影调生硬；光比（主光和辅助光的亮度比例）适中，可以形成丰富的影调结构。有时根据造型的需要，可以使用两个或两个以上的辅助光。

用散射光作辅助光较好。散射光的照明面积大，而且均匀；散射光光线柔和，不易造成明显的阴影，从而使画面影调简练和谐，如图 3-31 所示。

图 3-31　辅助光

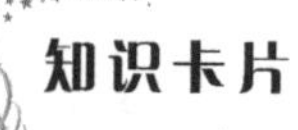

知识卡片

辅助光的作用

（1）调整画面的影调，决定画面的反差。

（2）帮助主光造型，构建被摄对象的立体形态，表达其全部特征。

（3）协助体现被摄对象的质感。

辅助光的运用原则

（1）绝对不能强于主光的光度。

（2）不能产生光线投影。

（3）不能干扰主光正常的光线效果。

（4）在保持主光投射的阴影特征前提下，尽量再现阴影部位的层次和质感。

三、轮廓光

轮廓光是用来勾勒被摄体轮廓形态的照明光线。它在被摄体的边缘产生亮边，这条亮边除可勾勒被摄体轮廓外，还能使被摄体与背景分开，使之得以突出；同时画面的纵深感也被加深。轮廓光多为直射光，且亮度一般高于主光，但与主光之比不能太悬殊，否则将出现景物轮廓边缘过亮的现象，从而影响主光照明。轮廓光的照明位置通常在被摄体的后方或侧后方。若从被摄体的后面照明，高度可高也可低，但不宜与照相机等高。等高时容易出现光晕。拍人像时使用轮廓光，可将人物的头发、脸、肩等部位的边缘线条勾画得很清楚，如图 3-32 所示。

图 3-32 轮廓光的运用

四、背景光

背景光又称为环境光、天幕光、气氛光等。背景光是指照明被摄体周围环境及背景的光线，用它可调整人物周围整体环境及背景影调，加强氛围，如图 3-33 所示。

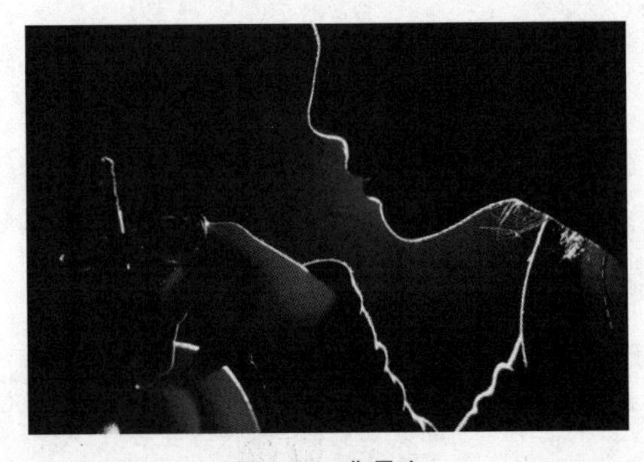

图 3-33 背景光

背景光通常在主光、辅助光、轮廓光布置后再布置。背景光的光线一般要求照度均匀，而且不干扰人的视觉注意。有时背景光也可以使用各种投影，如光束形、花瓣形、上浓下淡等效果来渲染环境气氛，这主要看它能否与照片的主调配合。

因内容、被摄对象、创作想法及要求不同，其背景光的用光方式也不同。静态人物用光与活动人物用光，单个人物用光与多个人物用光也不同。通常对单个人物实施布光中，背景光可能比较简单，有时一盏背景灯就能完成任务，但要注意画面中四角光线的均匀和协调，并且亮度要保持一致。而在多个人物或大场景的背景用光中，要准确把握创作意图、场景特征、气氛要求、背景材料的属性以及它的反光特性等因素。

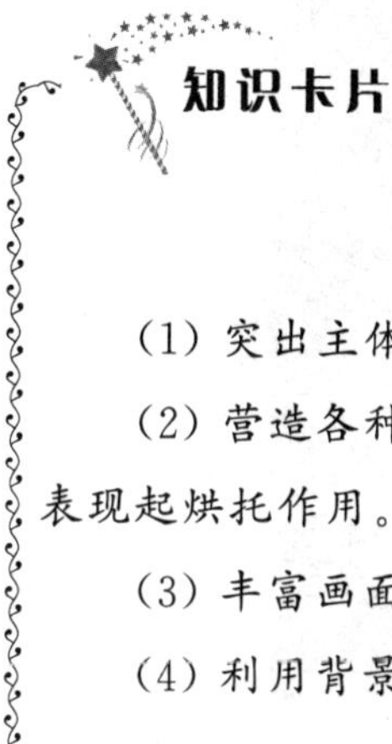

知识卡片

背景光的作用

(1) 突出主体，为主体寻找一个较佳的背景和环境。

(2) 营造各种环境气氛和光线效果，说明某种特定的时间地点等，对主体的表现起烘托作用。

(3) 丰富画面的影调对比，决定画面的基调。

(4) 利用背景光线的微妙变化，体现创作者思想感情的细微变化。

知识卡片

背景光要求

在大多数情况下，被摄者都与背景拉开一定的距离。由于光源的照明随着距离的增加而明显减弱，而背景比被摄者距离光源更远，所以背景的亮度要比被摄者暗许多。如果按被摄者的照明情况曝光的话，则背景就会显得更暗了，结果是被摄者看起来如同融入黑暗的背景之中。但是如果要想把被摄者同背景区别开来的话，则有必要对背景进行单独照明，于是就有了所谓的背景光。然而，背景光的运用要照顾到背景的色彩、距离和照明的角度等因素。因此，需要对背景光进行反复调整才能用得恰到好处。

五、眼神光

眼神光是指在人像拍摄时，只要位于被摄者面前并且有足够亮度的任何光源，反射到人物眼睛里，所出现的反光点，如图3-34所示。眼睛中显示的反光点，在形状、大小和位置上总是不同的。在室内拍摄人像，为突出人物脸部的立体感，通常会在拍摄人物前放置反光板，以不至于让人物整体脸部被光拍平，失去原本的立体感，于是，被摄者的每只眼睛里就会出现明亮的反光点。利用相机上的闪光灯，就会在被摄者眼睛中央造成细小的白点，而使用反光罩或反光伞，就会形成一个反射区，而这种反射通常偏向一边。

图3-34 眼神光

各种眼神光的效果是迥然不同的。明亮细小的光表现愉快，范围较大的光显得柔和，而没有光的眼睛则宛如深潭。为了拍出极佳的人像摄影作品，在按快门之前，一定要考虑到眼神光。让被摄者稍微抬起头或者重新布置光源，就能确定是否有眼神光，是否两只眼睛都有眼神光。要检查产生眼神光的光源，光源位置不能过高，否则，两只眼睛不在一条水平线上，就可能有一只眼睛照不到光。

用作眼神光的光源不用功率很强，但必须要同环境协调。在室内，最好使用超过肩膀的窗户照进来的光线制造眼神光，即使它不是主要光源也最好这样。在室外，用反光板比用辅助闪光灯要自然得多，尤其是拍摄特写照片。

通常情况下可以利用主光、辅助光、专用灯来构成眼神光，但是要注意的是，多灯会形成多个眼神光，所以在人物摄影作品中，布光用眼神光时灯越少越好，一旦形成大面积的眼神光会使人物形成一种呆板的形态，不利于人物的拍摄，更起不到画龙点睛的作用。同时还要设法避免眼白对主光的反射，不然会使人的眼睛失去平衡。

六、修饰光

修饰光又称装饰光，指修饰被摄对象某一细部的光线。例如人物的服装光、眼神光、头发、面部细部以及用于场景某一细部的光线。用修饰光的目的是美化被摄体，如图 3-35 所示。用法比较自由，可以从各种角度进行照明。一般用于较小的灯具，运用修饰光不能显示出痕迹，不能破坏整体照明效果。

图 3-35　修饰光

第九节　室内人工光的布光

布光既是一项技术操作，又是一类艺术创作，因此，对布光的要求就是多元化的，只为达到最终的艺术要求。

一、布光

用人工光对被摄体进行有秩序的、有创作意图的布置照明，这一行为被称为布光。

“有秩序”是指摄影师（灯光师）将不同灯种的灯光安排有先后、有主次的方向位置进行照明补光，使得每一个光位的灯光都充当其应有的角色，形成整体的造型效果和艺术表现效果，完成艺术形象的塑造。

“有创作意图”是指摄影师（灯光师）运用各种灯进行造型，从而表现被摄体的形态特征与形态魅力；根据摄影师所要表达的内涵意图来营造画面的总体气氛、影调和色调结构，使得零散的视觉要素形成一个整体的视觉画面，传达的创作意图和情感准确到位。

所以，布光不仅是技术标准要求，更是配合画面形象表达的语言基础，是一项创造性的艺术创作过程。布光没有固定的模式，每个摄影师根据个人创作意图、审美意识、工作习惯对布光技巧的要求和标准不同，所表现的画面形象就有所不同，但也有基本规律可循。

二、布光的要求

（一）明确

在室内用人工光进行摄影创作时，无论是人像、静物还是其他任何物体，都必须明确光线的要求及所要表达的画面形象。根据摄影师所构思的布光方案实施光线的处理及调整，一般包括：第一，要明确造型基调，即拍摄的是高调、低调还是中间调。这样才能正确地选择灯种，并在准确的方位上进行照明，控制它们的照明效果。第二，要明确用光进行阶调造型的要求，即使用平调效果还是明暗阶调对比的效果，阶调造型的不同使得灯种及其照明方向就不同。

（二）真实感

真实感即通过布光达到真实的照明效果。摄影画面是在二维的平面中表现出有三维感受的立体空间。通过布光，可以使形象具有真实的立体空间感，使人的视觉对它有真实的感受。这就要求布光要有真实感。通过布光，使人的视觉在二维的平面图像中能够感受到真实的三维立体空间感。因此，摄影师不仅要在布光时处理好主体与陪体的明暗关系，同时也要处理好主体与背景的明暗关系。使所有被摄体的空间关系得到较真实的表现。

知识卡片

布光中如何处理受光面、背光面和投影的关系

在太阳光线下景物只有一个投影，在散射光照明下景物几乎没有投影。因此，在室内用人工光布光时，必须考虑到人们对光的照明效果最基本的认识。在布光时，必须避免众多光影在画面上的出现，必须处理好受光面和背光面之间的亮度关系，必须正确掌握光的照明性质等，使人工光的照明效果产生真实光线效果。

（三）分清主次

摄影师在布光前，要清楚地知道拍摄主体、重点分别是什么。因此，在布光时应将更多的注意力集中在重点和最主要的表现对象上，主体是画面中的视觉中心、主体是体现作品思想的主要方面。但并不是说其他的被摄体不重要，恰如其分的照明会使得整幅画面更加适宜、和谐，即这一照明处理在不影响主体表现的同时，构成视觉分配有主次的整体感，形成和谐统一的最佳照明效果。

三、布光的方法

（一）明确布光方案

布光之前摄影师应有布光的方案，布光的方案就是用光造型的计划。包括作品所蕴含的思想内容；以作品的表达内容为基础确定造型基调；画面中主体与其他被摄体的亮度关系及光线平衡；被摄主体的主光与辅助光的亮度比；影调结构；整体氛围等要求。布光的过程就是实施光线处理的过程，也是设想转化为实际视觉感受的过程。

（二）布光的顺序

由于室内人工光照明是多光源、多方位同时对某一被摄体的打光。布光的顺序往往可以分成两种。

1. 人物的中近景、近景布光

在这种情况下，人物是画面中的主要成分，即主体和重点，应当占画面中的绝大部分面积。而背景和其余被摄体则是次要，在画面中占有面积比例也极少。所以，在拍摄时，摄影师应充分抓住人物（重点），先布人物光，后布环境光。

2. 人像全景、中景布光

此时的环境也是重要的表现对象，在画面中占有相当的比例。所以，根据摄影师先前所设计安排的亮度关系布光方案，可采用先远后近的顺序，将背景光布好，若背景光有特殊寓意表达的情况下，应按要求予以布光，然后再布人物光。但此时的人物光不能够影响到已经布好的环境光。当然也可以先近后远，即先布人物光，后布环境光。这时，环境光可以利用人物光的部分照明效果影响，而后再专布环境光，使环境光造型更加融入画面，表达和谐的画面语言。

广告作品、静物作品等拍摄布光，在程序上也可以参照上述的顺序进行操作。

（三）布光的亮度依据

室内人工布光照明的现象多样且复杂，其强度受照度规律的影响，所以，在布光时需要一个基准亮度来作为布光的亮度依据。拍摄人像或带有人物的作品时，往往以人脸部亮度为基准，对画面中所有被摄体进行亮度控制。其优势在于：第一，人脸部是摄影作品中主要表现的部分，以人脸亮度为基准进行曝光控制，使人物脸部的外型美及情感表达能够得到较为理想的表现。第二，人脸的反光率在 20%～30%之间（有的会偏高些或偏低些），生活中很多物体的反光率也在这个范围中，即使有的景物的反光率会有所偏差，但也能被胶片的宽容度所容纳。

在摄影曝光控制中，将人脸亮度作为基准亮度，该范围内的被摄物的影调层次能够得以充分表现。摄影师通过控制人工光的照度来控制被摄体的亮度，使被摄体的反光亮度在一定的亮度范围内，被摄体的亮度都能够在胶片的有效宽度范围中。

（四）布光后全面检查

首先目测，观察整体照明效果，看是否达到创作意图的要求。然后从整体到局部、由后景至前景、人物到背景依次检查。从造型、气氛、被摄体亮度关系、影调结构、光的分配、主体的表现及主要表现对象的凸显等方面进行考虑。在此过程中发现的问题进行及时调整及修饰，直到光的效果达到满意标准。

其次测光，经过目测和修正后，整体的照明效果都达到满意标准，但在拍摄前需用测光表对光进行再次测量。目的在于对各被摄体和被摄体各部分的亮度及它们之间的亮度关系进行严格控制与把握。测光同时也起到对光的造型效果进行进一步修饰的作用，使得整体画面造型达到和谐、统一的艺术效果。由此，布光的检查是布光过程中必不可少的步骤。

第十节　闪光灯的运用

闪光灯能在很短时间内发出很强的光线，是照相感光的摄影配件，多用于光线较暗的场合瞬间照明，也用于光线较亮的场合给被拍摄对象局部补光。闪光灯外形小巧，使用安全，携带方便，性能稳定，如图 3-36 所示。

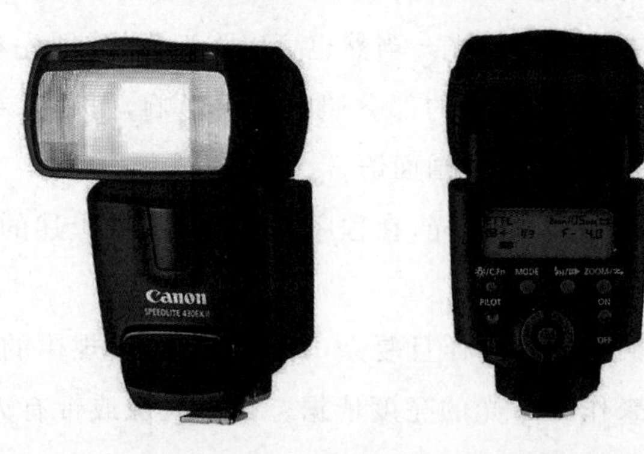

图 3-36　闪光灯的示意图

一、闪光灯指数

闪光灯指数(GN)是指闪光灯照明拍摄时的曝光指数,是衡量闪光灯功率的标准之一。按照闪光指数控制曝光量,达到正确曝光。它有两种作用:一是厂商供鉴别闪光灯功率的大小,即 GN 的数值越大,表示的功率越大。二是采用手动方式闪光拍摄时,来计算闪光灯曝光的光圈大小,公式是 GN 值=光圈(f)×距离(L)(以 ISO 100 为基准)。例如:当闪灯 GN 值=20(以米为单位计算),与被摄物体距离 5 米时,光圈设为 f4 曝光正常。当被摄物体距离改为 10 米时,此时光圈需设为 f2 才能有效曝光。当闪光灯功率不够用时,可以使用加大光圈和增加 ISO 的方法。加大光圈可以增加进光量,但同时景深会受到影响,所以一般获得更大功率会使用增加 ISO 的方法。另外,对自动闪光灯或专用型闪光灯而言,只需调节闪光灯和照相机上的感光度即可。

二、快门的作用

闪光灯的特点是快和强。光线是以强光形式瞬间出击,通常在 1/1000 秒至 1/10000 秒内完成闪光,而这个极短暂的曝光时间,可以比快门速度快得多的通过镜头进入感光元件,所以,在光圈和输出功率不变的情况下,快门速度不影响闪光灯曝光,但它会影响环境光的曝光。例如,当使用 1/15 秒和 1/500 秒分别拍摄相同场景时,闪光灯却以相同的 1/1000 秒的速度早就完成曝光,所以闪光主体曝光不会变,变的是场景曝光量,1/15 秒比 1/500 秒会亮得多。

三、闪光灯使用技巧

闪光灯就是一个光源,控制闪光灯产生的光线,就是把它塑造成任何需要的形状。闪光灯直接产生的光线比较粗糙,如需调整和改善光线,可以为被摄体创造一个大光源,或者从直接照射之外的角度给被摄体打光。正确使用闪光灯需要注意以下几点。

(一) 跳闪

跳闪就是将闪光灯与照射主体形成一个角度,通过反射来对主体补光。在室内拍摄时,一间有浅色墙壁和天花板的屋子,处处都可以作为反射面,从而可以创造出柔光箱一样的照明效果,加以闪光灯,就可以创造出大面积光线。虽然闪光灯本身只是一个很小的光源,但可以覆盖墙壁和天花板的大部分面积,而这些被光线覆盖的地方相对于被摄体来说就变成了大面积光源。

利用跳闪技术拍摄人像时，一般用闪光灯向天花板和墙壁打光，相当于传统的柔光箱给被摄体打光。在拍摄时，被摄体的角度以及结合使用跳闪技术是获得想要结果的关键。同样，摄影者还可以将闪光灯角度调至向上或向身后，将闪光灯旋转45°朝向墙壁和天花板打光，让美丽的光线充满整间房子，如图3-37所示。

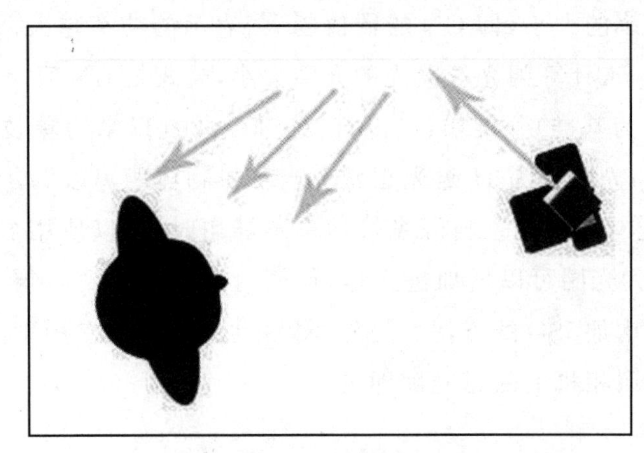

图3-37 跳闪拍摄示意图

（二）遮挡

闪光灯发出的光线是向四周扩散的，而不是单一的光束。其中大部分光线是向前发射，而有一小部分光线是以与闪光灯垂直的角度扩散开来的。即使将闪光灯变焦到长焦端，仍然会有大量光线向周围扩散。此时，打开遮光片就可以限制这种情况的发生。

在使用跳闪拍摄时，即使闪光灯垂直向上打光，仍然会有光线直射到被摄体上，此时就会造成一种“拍快照”的阴影效果，虽然这种情况不是必须避免的，但是当被摄体后方是一面墙或其他平面时，阴影会尤为突出。所以，为了改变这种效果的出现，通常情况下在闪光灯灯头上会加一片不透明材料或黑色塑料泡沫遮光片，以遮挡住照射到被摄体上的扩散光线。这一点小小的改变会给照片的整体效果带来非常大的提升。

（三）扩大光源

光源与被摄体的相对大小，决定了照片的整体效果。扩大光源即柔光，指亮部与阴影之间的过渡比较柔和。

跳闪是利用墙壁和天花板改变光源的大小。但是如果没有墙或天花板时，可以用反光片来改变光源的大小。因为光线到达被摄体的面积大小至少是反光面积的两倍，所以可以得到非常大的光源覆盖面积。在距离被摄体不太远时，这样做可以得到非常好的照明效果。在室内，使用反光片还有一些额外的好处，就是可以从两个方向给被摄体打光：直接反射光和天花板发射光。通常为了方便，简单地把白色纸板或塑料泡沫固定在闪光灯上就可以了。

（四）使用 TTL

TTL 优点是没有预闪，实时性好，没有延时。TTL 缺点是只能平均测光或中央重点测光，若使用胶片拍摄还受不同胶片反光率的影响，需要手动校正。

TTL 模式是由相机和闪光灯决定输出光量的。相机与闪光灯在测量正确的曝光后，共同决定闪光灯的输出。

TTL 可以用在绝大多数情况下，包括手动模式、户外模式，甚至跳闪时，特别是在快速移动拍摄中，效果更为突出。结合 TTL 闪光灯使用闪光灯曝光补偿和一般曝光补偿，这些操作都能够轻松地调整闪光灯和相机曝光，不过主要工作仍然交由 TTL 系统完成。

（五）使用高速快门同步

如果闪光灯有高速同步功能，一定要打开。大部分闪光灯的普通同步速度在 1/250～1/350s。在弱光环境下这个速度是没问题的，比如室内，拍摄者可以尽情在同步速度以内拍摄。这意味着拍摄者可以使用 1/40s 的速度记录环境光，或用更快的速度使被摄体与环境分离或凝固运动。然而在室外，如果曝光要求更快的快门速度，只有高速快门同步允许拍摄者使用高速快门拍摄，最高可达 1/8000s。

总是开启高速快门同步功能并不意味着总是用到它。只有当快门速度超过普通同步速度时，相机和闪光灯才会开启高速同步。否则，闪光灯会以普通模式工作。

（六）控制色温

数码单反相机提供白平衡设置以控制全局色彩。如果使用 RAW 格式拍摄，还可以在后期使用软件来调整白平衡。不过需要确保闪光灯发出的光与环境光色温接近，这样才能够保证整张照片的光线都有同样的颜色。

（七）利用环境光

在将环境一同拍摄进画面时，通常使用手动模式。这样可以使用较慢的快门速度来准确记录环境光，使得被摄体和环境光都能够得到正确的曝光，从而达到一定的造型效果。1/15～1/40s 速度可以适用于大部分环境，包括夜晚的室外，但通常仍然使用 TTL 功能，让相机和闪光灯对被摄体的照明做出正确决定。而对环境光的曝光则通过手动控制快门速度来决定。

（八）关闭闪光灯

随着闪光灯运用的熟练程度提升，可能倾向于时刻都使用它，但是某些拍摄情况下，最好还是关掉机顶闪光灯。毕竟，在很多情况下有很好的自然光线可以利用。只有光线不足需要补充额外光线时，可巧妙地利用闪光灯，从而得到一张好照片。

思考与练习

1. 一天中自然光的变化情况如何？
2. 正面光、侧光、逆光各有什么特点？
3. 光线按照强弱程度可分为哪两种？各有什么特点？
4. 室内人工布光有哪些要求？
5. 什么是闪光灯的闪光指数？闪光灯的使用具有哪些技巧？

第四章 曝光与测光

学习目标

1. 了解曝光的相关概念
2. 掌握曝光量调节的技巧和目的
3. 掌握测光表的种类和测光原理
4. 掌握数码相机的测光模式
5. 掌握摄影曝光中基准点的选择
6. 掌握曝光补偿的使用环境和使用技巧

第一节 曝光

一、曝光的定义

在调好数码照相机的参数或者拍摄模式后，按下快门，在快门开启的短暂时间内，光线通过光圈的光孔使图像传感器感光，即曝光。曝光量的多少直接影响到数码影像的明暗程度，同时还会影响到数码影像的清晰度以及色彩的饱和度。

二、曝光量

曝光量的定义为图像传感器所接受的光量，曝光量用 H 表示。用公式表达为

$$H=E\times t。$$

E 为照度，单位是勒克斯(lx)；t 为感光材料受到光线照射的时间，单位是秒(s)。曝光量 H 的单位为勒克斯·秒(lx·s)。

影响数码照相机的曝光量有四个因素：光线的强弱、ISO 感光度的大小、光圈大小和快门速度。数码照相机曝光的过程就是依据光线的强弱、ISO 感光度的大小，调整光圈大小与快门速度，让适量的光线到达图像传感器的过程。

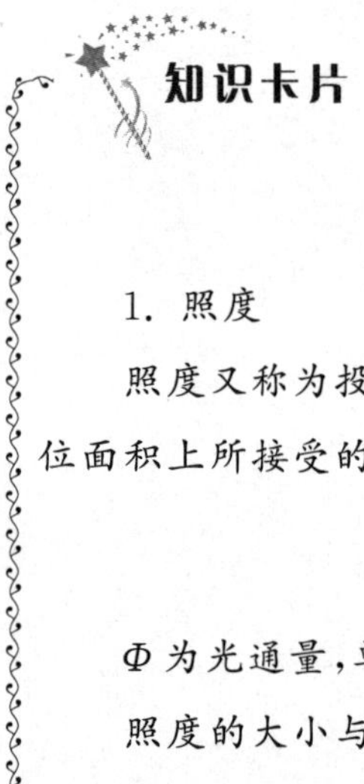

知识卡片

照度和亮度

1. 照度

照度又称为投射光，是描述被摄体受照表面被照明的程度。照度定义为单位面积上所接受的光通量。照度 E 用公式表示为，

$$E=\frac{\Phi}{A}$$

Φ 为光通量，单位为流明(lm)；A 为受照面积，单位为平方米(m^2)。

照度的大小与光源的发光强度有关。光源的发光强度越大，则照度越高。如果光源的发光强度不变，则光源距离被摄体越近，被摄体的照度就越高。照度与距离平方成反比关系。

这一规律适用于发光均匀的点光源。对于太阳来说，因为它与地球的距离可以看成无限远，而拍摄距离的变化可以忽略。因此，太阳被当成平行光源，而不是点光源。太阳照射到地球上的照度是均匀的，照度与被摄景物表面的反光特性无关。一旦光源的强度与位置确定，被摄体的照度就确定。不论被照物是什么物体，例如在某一光源、同一距离处放一个白色石膏与一个黑色木雕，分别测量两者的照度，发现两者的照度是一样的。不同环境下的照度可以参见表 4-1。

表 4-1 不同环境下的照度

景物及环境	黑夜	月夜	能辨别方向	阴天室内	阴天室外	晴天室内	晴天树荫下	晴天室外
照度(lx)	0.001～0.002	0.02～0.2	0.1 以下	5～10	50～500	100～1000	1000	10000～100000

2. 亮度

反光面或透光面在人眼观察方向看到的明暗程度称为亮度。亮度与被射体受到光线照射的强度 E、被射体的反光率 ρ 有关，用公式表示为，

$$B=\frac{E\rho}{\pi}。$$

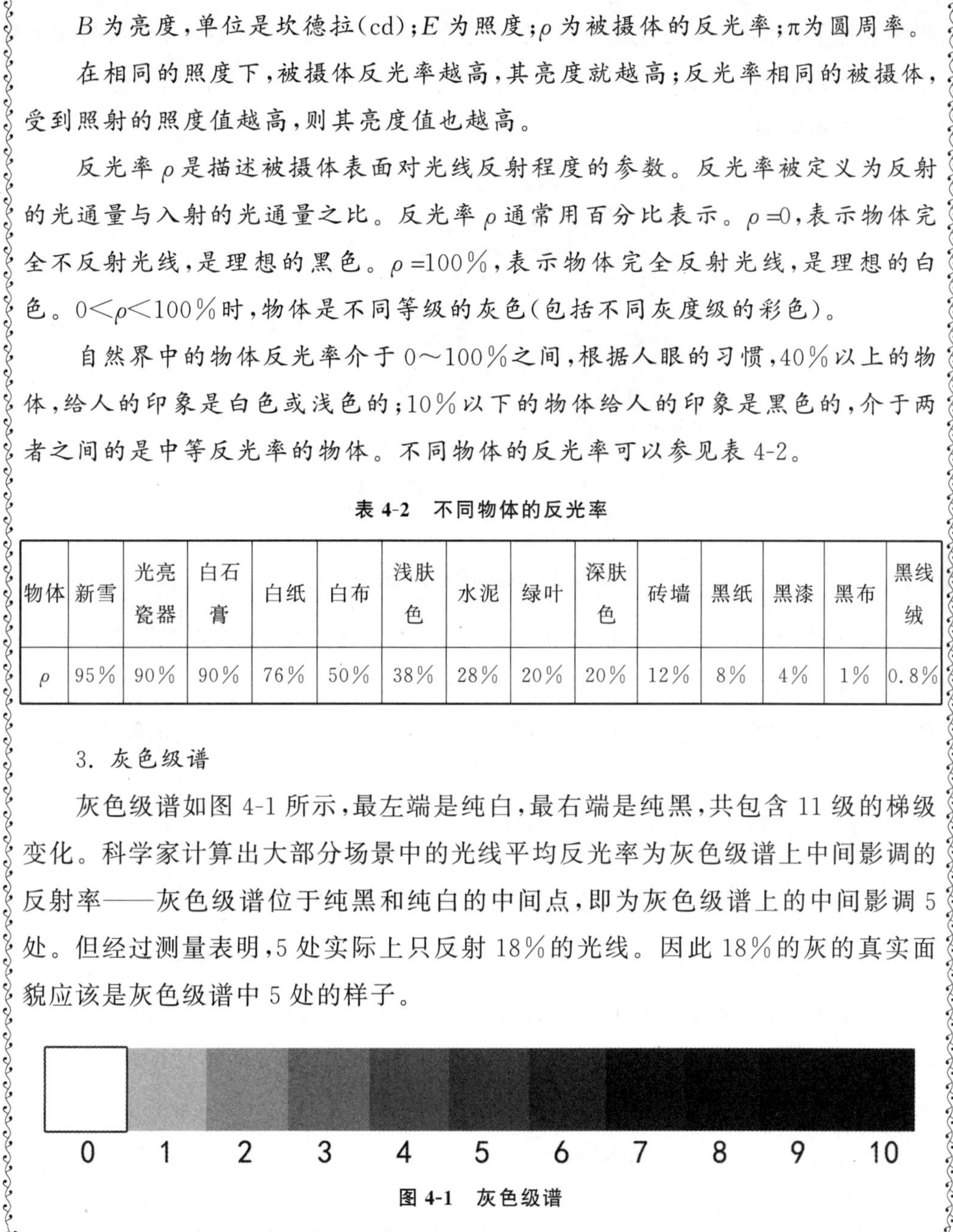

B 为亮度，单位是坎德拉(cd)；E 为照度；ρ 为被摄体的反光率；π 为圆周率。

在相同的照度下，被摄体反光率越高，其亮度就越高；反光率相同的被摄体，受到照射的照度值越高，则其亮度值也越高。

反光率 ρ 是描述被摄体表面对光线反射程度的参数。反光率被定义为反射的光通量与入射的光通量之比。反光率 ρ 通常用百分比表示。$\rho=0$，表示物体完全不反射光线，是理想的黑色。$\rho=100\%$，表示物体完全反射光线，是理想的白色。$0<\rho<100\%$ 时，物体是不同等级的灰色(包括不同灰度级的彩色)。

自然界中的物体反光率介于 0～100％之间，根据人眼的习惯，40％以上的物体，给人的印象是白色或浅色的；10％以下的物体给人的印象是黑色的，介于两者之间的是中等反光率的物体。不同物体的反光率可以参见表 4-2。

表 4-2　不同物体的反光率

物体	新雪	光亮瓷器	白石膏	白纸	白布	浅肤色	水泥	绿叶	深肤色	砖墙	黑纸	黑漆	黑布	黑线绒
ρ	95％	90％	90％	76％	50％	38％	28％	20％	20％	12％	8％	4％	1％	0.8％

3. 灰色级谱

灰色级谱如图 4-1 所示，最左端是纯白，最右端是纯黑，共包含 11 级的梯级变化。科学家计算出大部分场景中的光线平均反光率为灰色级谱上中间影调的反射率——灰色级谱位于纯黑和纯白的中间点，即为灰色级谱上的中间影调 5 处。但经过测量表明，5 处实际上只反射 18％的光线。因此 18％的灰的真实面貌应该是灰色级谱中 5 处的样子。

图 4-1　灰色级谱

三、倒易律

倒易律是指同样的曝光量可由一系列不同的光圈和快门速度组合而成，光圈的改变可由快门速度的相应变化补偿，可以说光圈和快门是互相配合互相补偿的关系：

光圈越大，快门速度应该越快；光圈越小，快门速度应该越慢。如图 4-2 所示，在正常的照明条件下，无论是用高速快门配以大光圈，或用慢速快门配以小光圈，图像传感器得到的曝光量是一样的，即开大一级光圈并提高一级快门速度，图像传感器上获得的曝光量是不变的。

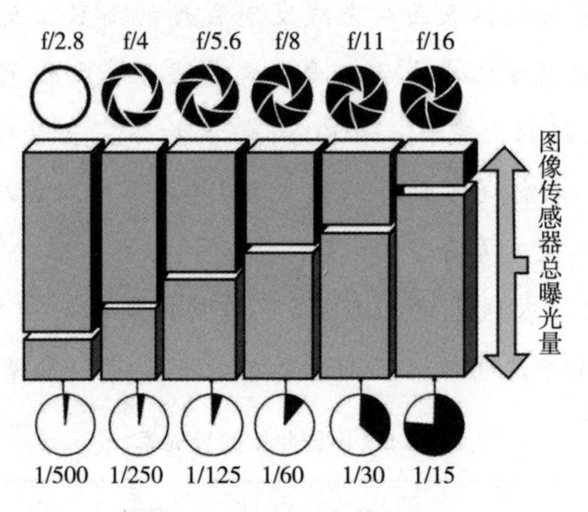

图 4-2　光圈和快门的搭配

例如，测光表指示光圈 f/ 8、快门速度 1/60s 的曝光组合，那么以光圈 f/5.6、快门速度 1/125s，光圈 f/4、快门速度 1/250s，光圈 f/2.8、快门速度 1/500s，光圈 f/11、快门速度 1/30s，光圈 f/16、快门速度 1/15s 等搭配都可以得到完全相同的曝光量。

知识卡片

光圈和快门速度曝光组合的选择

尽管不同的曝光组合曝光量相等，其拍摄的造型效果却迥然不同。摄影是一门造型艺术，不仅在技术上要求达到曝光正确，而且在艺术上也要求达到一定水平。调定快门速度和光圈时，要视具体情况而定。例如，拍摄纪念照片时，常把快门速度定在 1/125s，因为它较快，照相机不易抖动，可保证画面的清晰，设定完速度后再根据曝光组合调定相应光圈的大小。再例如，摄影时为了突出主体可以采取获得小景深的方法，让背景虚化，这时候需要采用光圈f/2.8或光圈f/2，设定完光圈后再根据曝光组合调定相应的快门速度。有的时候，光圈和快门都很重要，就要两者都兼顾，选用中等的光圈及快门速度，如 1/125s、f/8。

四、曝光值(EV)

曝光量由光圈大小和快门速度共同控制，由此可以用快门与光圈来描述曝光量。相同的曝光量可以有一系列不同的光圈与快门速度组合。为了描述方便，用 EV (Exposure Value)来表示，它的意思是曝光值。

表 4-3 列出了不同光圈、快门速度所对应的 EV 值。

表 4-3　不同光圈和快门速度所对应的 EV 值

EV值 (f \ t/s)	1	1.4	2	2.8	4	5.6	8	11	16	22	32
1	0	1	2	3	4	5	6	7	8	9	**10**
1/2	1	2	3	4	5	6	7	8	9	**10**	11
1/4	2	3	4	5	6	7	8	9	**10**	11	12
1/8	3	4	5	6	7	8	9	**10**	11	12	13
1/15	4	5	6	7	8	9	**10**	11	12	13	14
1/30	5	6	7	8	9	**10**	11	12	13	14	15
1/60	6	7	8	9	**10**	11	12	13	14	15	16
1/125	7	8	9	**10**	11	12	13	14	15	16	17
1/250	8	9	**10**	11	12	13	14	15	16	17	18
1/500	9	**10**	11	12	13	14	15	16	17	18	19
1/1000	**10**	11	12	13	14	15	16	17	18	19	20

用 EV 值表可以很方便地找到同一曝光量的不同曝光组合。EV 值相差 1，则曝光量相差一挡或者相差一级光圈。EV 值也可以用来表示照相机的一些技术指标，以及表明照相机测光表的测光范围。大多数测光表也以 EV 值来显示所测得的亮度或照度。

EV 值也可以不是整数。例如，光圈为 f/6.7、快门速度为 1/125s，则 EV 值为 12.5。

五、正确曝光

正确曝光有两层含义：第一层含义是真实、客观地记录现场的光线、色彩、影调；

第二层含义是正确表达作者的创作思想、意图和感情，使画面有较强的艺术感染力。曝光准确时能得到清晰而真实的影像，曝光不足或曝光过度都会降低影像的质量。

1. 曝光不足

表现在摄影作品上，影像灰暗，不通透，景物反差较小，暗部无层次，色彩不鲜艳，如图 4-3 所示。

2. 曝光正确

表现在摄影作品上清晰度高，色彩还原好，能够充分记录被摄景物的明暗关系及所有细节，同时被摄景物影调层次表现丰富，如图 4-4 所示。

3. 曝光过度

表现在摄影作品上，影像浅淡，景物明亮部分全是白的，分不出层次，色彩亮度较高但饱和度差，像褪了色一样，如图 4-5 所示。

图 4-3　曝光不足的影像

图 4-4　曝光正常的影像

图 4-5　曝光过度的影像

第二节　测光表的种类与测光原理

测光表是一种用来测量光的强度的仪器，是专业摄影中必不可少的工具。在摄影过程中测光表可通过各种已知条件和根据瞬间变化的客观条件，准确地提供被摄物体的照度或亮度，为摄影者提供拍摄时所使用的光圈和快门的组合参数。

一、测光表的种类

根据测光方式的不同，测光表分为反射式（亮度）测光表（如图 4-6 所示）、入射式（照度）测光表（如图 4-7 所示）和点式测光表（如图 4-8 所示）。目前的典型专业测光表（如图 4-9 所示）一般都兼有测量入射光和反射光的两种功能。

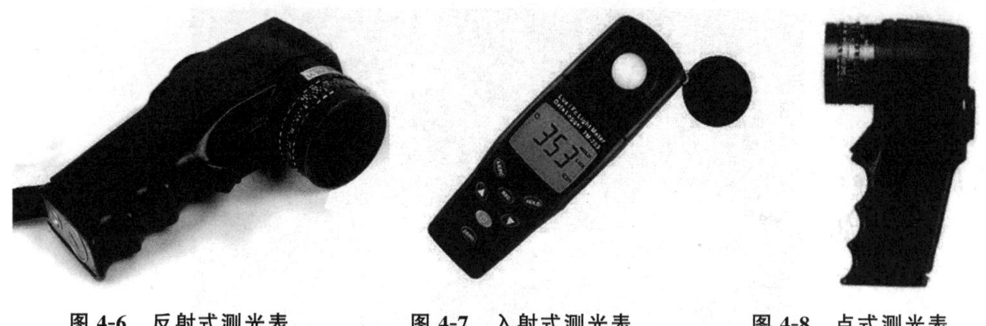

图 4-6　反射式测光表　　图 4-7　入射式测光表　　图 4-8　点式测光表

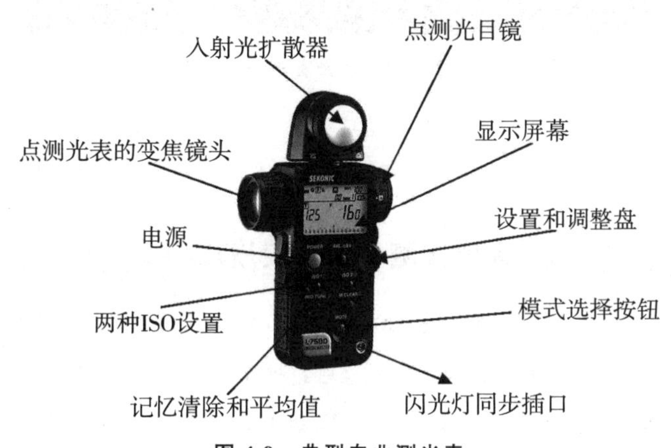

图 4-9　典型专业测光表

二、测光表的测光原理

（一）入射式测光表

因为入射式测光表测量的是被摄体接受的照度，也就是直接测量照射到被摄体上的光通量，所以入射式测光表又称为照度测光表。入射式测光表以基准反光率直接测量被摄景物的平均照度。它不考虑被摄体对光线的反射能力，所以它不受被摄体色调明暗的影响，能正确反映出景物的明暗关系，各种色调的被摄体基本都能得到真实的再现。

入射式测光表得出的数据一般较准确，因为它不受物体反光率的影响，特别是在一些亮背景、环境较大、被摄物体较远的情况下，采用入射式照度测光能较好地反映被摄景物的反差状况，拍摄出理想的照片，如图 4-10 所示。

图 4-10　用入射式测光表测光拍摄的照片

知识卡片

入射式测光表的使用技巧

使用入射式测光表测光时，要把测光表置于与被摄物体相同的受光位置，使测光窗朝着照相机光轴方向测光（如图 4-11 所示），但不要对准光源测光，否则测光读数偏高。入射式测光表的受光角应尽量大，在 180°左右为最佳，测光元件受光孔上的半球状乳白色的漫射罩或锥形扩散罩就起着这个作用。

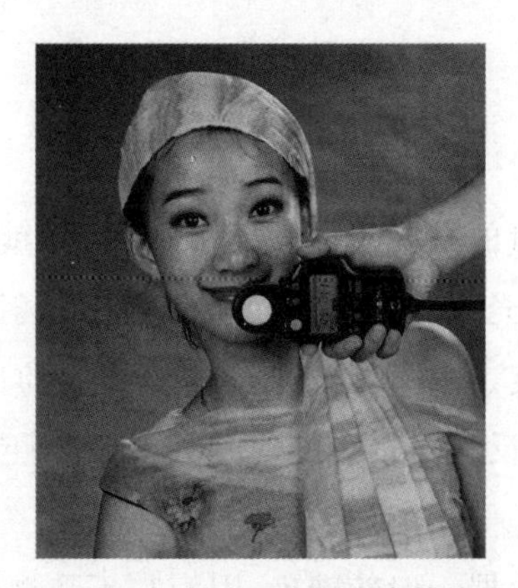

图 4-11　入射式照度测光表的使用

（二）反射式测光表

反射式测光表是用来测量景物反射出来的光线的，测量的是被摄物的亮度。相机内置测光表都属这一类。

不管把反射式测光表对准什么被摄体测量，都是按基准反光率—18%的中灰色调为标准进行测光，并且提供再现18%的中灰色调的曝光量来还原被摄体。即不管把数码照相机对准什么色调的物体进行测光，它都把被摄体还原成18%灰色调。

这样拍摄时，如果被摄对象包括各种景物的综合反光率是18%时，按照照相机测光读数推荐的曝光组合就能产生正确的曝光。在平时正常光线照射的情况下，按照反射式测光表提供的曝光数据可以正确还原我们看到的景物。这是因为在均匀的光线照射下，被摄景物中亮色调、中间色调以及暗色调混合后，会产生一种反光率接近18%的中灰色调，所以按照测光表提供的数据拍摄能得到正确的曝光。

如果被摄对象的反光率低于18%时，按照测光表获得的数据曝光通常会产生曝光过度的现象。在实际拍摄时，为获得准确的影调和色彩再现，需要减少1～2挡的曝光量。

第三节　反射式测光表的测光方法

一、机位测光法

机位测光法是最普遍的测光方法，如图4-12所示，摄影者直接在拍摄位置上用测光表对准被摄体测光，它得到的是被测量景物范围内各种亮度的平均值。如果被摄体的明暗分布比较均匀，而且反差不大，用这种平均测光法极易获得良好的效果，如图4-13所示。当被摄物体在整个环境中所占的比例较小或环境光过亮、过暗时，受环境光的影响，会使测得的数据不准确。

图4-12　机位测光法

图4-13　用机位测光法测光

二、灰板测光法

灰板测光法不是用测光表直接测量被摄体的亮度，而是测量反光率为18%的中灰色调测试灰板的表面，依照测得的读数曝光。

测光时，把测试灰板放置在被摄体的位置，如图 4-14 所示，并使它受光均匀，然后用反射式测光表对准它测量，并按照测得的读数曝光，这样，被摄景物中 18%的中灰色调的景物，在照片上再现为 18%中级灰影调；比它更暗或更亮的表面，则获得比 18%的中灰色调更暗或更亮的影调，会使被摄体得到正确曝光。

图 4-14　使用 18%灰板代替测光　摄影：董二林

如果没有反光率为 18%中灰色调的灰板，摄影者可以用测光表测量自己的手背以代替灰板，因为它们的反光率接近。根据手背的亮度曝光，被摄对象各部分的明暗关系也能得到很好的体现。

三、近距测光法

当周围环境比被摄主体亮时，如在黄色的沙滩上或地面覆盖白雪的冬天，反射式测光表采用机位测光法可能会给出错误的结果。由于受场景中明亮部位的影响，使测光值太高，导致主体曝光不足。为了获得正确曝光，可以采取近距测光法进行测光。

近距测光法是指摄影者靠近被摄物体用测光表对被摄物体局部进行测光。因为近距测光法直接测得被摄主体所需的曝光量，所以得出的数据会很准确。如图 4-15 所示，靠近人脸部测光，使人物曝光准确，不受深暗背景的影响。

图 4-15　用近距测光法测光

用亮暗兼顾法控制曝光

当被摄体和背景的亮度差别较大时，若以明部为测光依据，则暗部被压缩而无层次；若以暗部为测光依据，则明亮部分会没有层次和细节。为了兼顾主体和背景的细节层次，可以采用亮暗兼顾法控制曝光，即对景物的亮部和暗部分别进行测光，然后确定曝光组合。

四、代测法

当被摄对象距离照相机很远，不可能靠近被摄体测量时，可采取测量代用目标的方法，即从近处选择一块与远处的被摄体亮度相当的代用目标，直接测量它，以代替对远处被摄体的测量。比如，测量近处的雪，以代替在远处山峰上同样明亮的雪；测量近处一棵大树的树干或树叶，以代替河流对岸的树木。不过，采用这种测光方法，要注意代用目标和实际被摄对象的受光情况必须一致，而且不要使背景影响它的读数，才能获得正确的曝光。

第四节 数码照相机的测光模式

测光是决定相机曝光的先决条件，摄影时获得最佳曝光结果最基本的手段就是进行准确的测光。现在几乎所有数码照相机都配置了内测光系统，数码照相机型号虽然各有不同，但测光模式种类是大同小异的。数码照相机的测光模式大致分为以下几种。

一、评价测光

评价测光(如图 4-16 所示)，是对画面的广泛区域进行测光，按自然界的平均反射率所呈现出来的 18%灰来确定拍摄对象的曝光量，给出光圈和快门速度的组合结果。评价测光是一种在大多数情况下推荐采用的设置。这种模式下相机会对整个画面进行评估，综合考虑画面的明度、色彩、距离等因素得到曝光组合。

从实际拍摄的角度分析，评价测光模式主要适合拍摄画面反差比较正常的内容，适合于被摄主体与背景没有强烈反差对比，亮度差异相对较小的对象。

图 4-16　评价测光图

知识卡片

评价测光模式最适合的拍摄场景

一般来说，评价测光模式最适合的拍摄场景是顺光、侧光下的风景、人物特写、中景、团体照等，也适合拍摄一般人物室内或室外活动场景等。该模式在一般情况下都可正常发挥作用，尤其是拍摄顺光、前侧光以及阴天或大面积亮度比较均匀的场景时都非常有效。

二、中央重点测光

中央重点测光(如图 4-17 所示)是相机对整个画面进行测光，但将最大比重分配给画面的中央区域(默认为取景器中央的 12mm 直径圈)的一种测光模式。这是一种介于点测光和评价测光之间的方式。使用中央重点测光最大的好处是可以“针对高光区测光”，对高光区测光可以保证不会曝光过度，同时也兼顾画面其他区域的曝光需要。

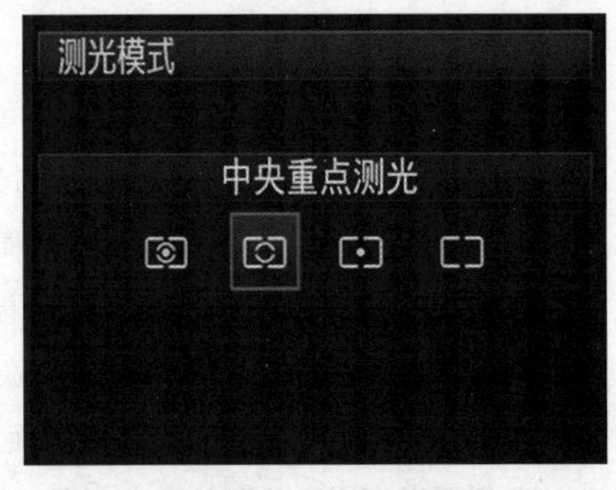

图 4-17　中央重点测光

中央重点测光模式比评价测光要更精准些。因为一般摄影者在拍摄时常常会将主体安排在画面中间,因此使用该模式,从整个画面测量照度,但将测量重点放在位于取景器中央的一块区域,相当于传统单反相机裂像对焦圆大小。由于以中间为主,同时适当兼顾周围环境亮度,具有很强的实用性。另外,如果被摄主体没有被安排在画面的中心位置,多数的数码单反相机还提供了一种曝光锁定功能,拍摄者可以在中央重点测光模式下,先将被摄主体放置在画面的中心位置半按快门进行自动测光,然后按住曝光锁定按钮(如图 4-18 所示)进行二次构图,这样拍摄出来的照片就是以被摄主体进行精确测光的。

图 4-18　曝光锁定按钮

三、点测光

点测光模式,如图 4-19 所示,是相机对 4mm 直径圈区域(约占画面的 1.5%)进行测光。测光点位置在默认情况下位于画面正中央。有些相机也可以将测光点自动设为当前处于激活状态的自动对焦点,这在拍摄主体偏离画面中心的时候,就变得非常实用了,测光点位于选定对焦点的中央,能够对偏离中央的拍摄对象进行精准对焦和测光,进行对焦时,测光表就会进行测光并计算出需要的曝光组合。使用点测光时,位于对焦点上的物体会得到"正确"曝光,但未必适合画面的其他区域。

图 4-19　点测光

在反差强烈的复杂光线条件下，点测光模式能帮助摄影者有针对性地准确曝光。在拍摄花卉或者微距生态作品时，根据画面场景，对花朵中央进行测光，有利于排除深色背景对于测光系统的不利影响。如图 4-20 所示，是利用点测光模式拍摄，而图 4-21 是利用评价测光模式拍摄，可以看出点测光模式更准确地还原了荷花色彩。

图 4-20　评价测光模式拍摄荷花效果图

图 4-21　点测光模式拍摄荷花效果图

有些相机也可以将测光点自动设为当前处于激活状态的自动对焦点，这在拍摄主体偏离画面中心的时候，就变得非常实用了。

知识卡片

使用点测光模式时需要注意的问题

点测光所覆盖的面积是非常小的，所以测光点上的测光结果非常精准，从而能够对特定位置的拍摄对象进行准确的曝光。不过，它仍然会产生问题。相机的测光系统会将测光点所在的区域按照 18%灰色调来进行曝光，所以，如果拍摄的实际区域很暗，按照点测光提供的曝光组合进行曝光，就会产生曝光过度的问题。相反，如果拍摄的实际区域很亮，按照点测光提供的曝光组合进行曝光，就会产生曝光不足的问题。因此，我们需要根据实际情况进行相应地调整，适当地应用曝光补偿。

四、中央平均测光

中央平均测光是采用较多的一种测光模式，如图4-22所示。测光的感光元件会将相机的整体测光值有机地分开，中央部分的测光数据占据绝大部分比例，而画面中央以外的测光数据，作为小部分比例起到测光的辅助作用。经过相机的处理器对这两部分数值加权平均之后的比例，得到拍摄的相机测光数据。

图4-22　中央平均测光

知识卡片

测光模式的选择

我们把被摄景物从最亮区域到最暗区域的亮度值范围不超过3级光圈的场景定义为低反差场景；从最亮区域到最暗区域的亮度值范围大于7级光圈的场景定义为高反差场景。相对于低反差场景来说评价测光、中央平均测光都是较好的选择；而相对于高反差的场景，要根据实际拍摄情况选择点测光或者中央重点测光。

第五节　曝光补偿与包围曝光法

一、影响曝光控制的因素

在摄影创作过程中，如何按照拍摄者的需求，实现对所拍摄对象进行合理的曝光，以达到拍摄者想要的画面效果。实现有效的曝光控制，我们应该从影响曝光控制的客观因素和主观因素两个方面来考虑。

（一）客观因素

1. 光线的强弱

用于摄影的照明光源虽然只有自然光和人造光两大类，但是，在具体拍摄时，这两类照明光线的强弱都是变化的。对自然光来说，在一年之中的不同季节、一天之中的不同时间、天气情况、地理纬度、海拔高度等，自然光的强弱都会发生变化。对人造光来说，也存在光源多少、功率大小和光源至被摄体距离的变化等。

考虑摄影曝光时，对光线强弱不仅要注意光源本身的强弱，更要留神被摄体的受光情况。如在直射阳光下，被摄体分别处于正面受光、侧面受光、背面受光时的曝光调节就明显不同。对人造光源来说，除了这种光线角度的影响外，特别要注意被摄体至光源的距离也极大地影响曝光调节。

2. ISO 感光度

感光度高的数字成像器件对光线的敏感度大，只需要较小的曝光量就能满足曝光的需要；感光度低的数字成像器件对光线的敏感度小，需要较多的曝光量才能满足曝光的需要。因此，在同样受光条件下的被摄体，使用不同 ISO 感光度，曝光调节也就不同。如对 ISO100 的感光度应用 1/125、f8，那么对 ISO200 感光度就需用1/125、f11，而对 ISO50 的感光度只需用 1/125、f5.6，依此类推。

3. 器材性能

相对于数码摄影来说，器材的性能对曝光控制的影响较大，宽容度较高的数字成像器件能够记录被摄景物的细节，也更容易对曝光量进行有效的控制。同时，高端的摄影器材的内置测光表精准度也较高，能够更好地按照拍摄者的意图进行精准测光。

（二）主观因素

1. 准确曝光

准确曝光是技术要求，从技术角度来讲最大限度地把被摄物体的明暗层次表现出来，就达到了准确曝光的要求。

2. 正确曝光

正确曝光是一种艺术要求，是拍摄者根据自己的实际需求和表现意图将被摄主体的明暗层次进行主观有意的取舍，达到一种最佳的画面效果。

二、曝光补偿

我们经常会遇到按照数码照相机提供的测光读数曝光，不能准确曝光的情况，如在逆光、强光下的水面、雪景或拍摄物体亮部的区域较多的情况下摄影，按照数码照相机的测光读数进行曝光，数码照片往往曝光不足，如图 4-23 所示；而在密林、阴影中的物体、黑色物体的特写或物体的暗部区域较多的情况下摄影，按照数码照相机的测光读数进行曝光，数码照片往往又曝光过度，如图 4-24 所示。这时，就需要对曝光参数进行调整，这就是曝光补偿 EV 值。

图 4-23 曝光不足

图 4-24 曝光过度

现在的数码照相机大多都设有曝光补偿的功能，一般使用作为“曝光补偿”按钮，如图 4-25 所示。

图 4-25 数码照相机曝光补偿按钮

曝光补偿可以对数码照相机的自动拍摄进行加亮或减暗处理。曝光补偿的基本原则是，在曝光不足的场景使用 EV+；在曝光过度的场景使用 EV−。简单地说就是“白加黑减，亮加暗减”。图 4-26、图 4-27 分别是采用曝光补偿 EV+1 和 EV−1.5 的拍摄效果，由于曝光正确，景物的层次、质感得到很好的表现。

图 4-26　EV+1 级的曝光效果

图 4-27　EV−1.5 级的曝光效果

不同数码照相机的补偿间隔是不同的，调节范围一般在±2.0EV 值范围内，目前大部分是以 1/3EV 值为间隔的，分为−2.0、−1.7、−1.3、−1.0、−0.7、−0.3 和+0.3、+0.7、+1.0、+1.3、+1.7、+2.0 等 12 个级别的曝光补偿值。"+"表示在测光所定曝光量的基础上增加曝光，"−"表示减少曝光。摄影时对自己设定的曝光值估计不准时，可以用不同的补偿值多拍摄几张，然后从中选出最佳照片。

三、包围曝光法

自动包围曝光是对曝光补偿 EV 值进行了程序化的自动设置，精简了手动功能，有利于即时抓拍。

大部分数码照相机设置了自动包围曝光功能，当按下快门时，数码照相机会自动在设置的范围内更改曝光值，以拍摄多张曝光量不同的画面，如图 4-28 所示，从而保证总能有一张照片符合拍摄者的曝光意图。使用自动包围曝光需要先在数码照相机的菜单中设定自动包围曝光模式，按下快门，就可以一次连续拍摄 3 张或 5 张不同曝光量的照片，从中挑选一张最符合创作意图的数码照片。自动包围曝光一般适用于静止或慢速移动的拍摄对象。

(a)曝光过度的照片

(b)曝光正确的照片

(c)曝光不足的照片

图 4-28　自动包围曝光拍摄的曝光量不同的画面

一些高端数码单反相机本身就带有包围曝光这一功能。如图 4-29 所示，BKT 按钮就是包围曝光按钮。

图 4-29 包围曝光法按钮

思考与练习

1. 曝光的定义？曝光对影像有哪些影响？

2. 影响曝光调节的因素有哪些？

3. 入射式测光表的使用技巧如何？

4. 反射式测光表的测光原理如何？

5. 反射式测光表的测光方法有哪些？

6. 数码相机常见的测光模式有哪些？

7. 举例说明在什么情况下需要用到曝光补偿？

第五章　摄影色彩

学习目标

1. 了解摄影色彩的基本原理
2. 掌握摄影色彩的变化规律
3. 掌握色彩的情感化特征
4. 能够灵活运用色彩构成理论
5. 了解色彩的特性
6. 掌握色彩的配置
7. 掌握色彩处理要求

色彩是摄影画面具有艺术魅力的重要因素之一，它决定了作品的基调和情趣。摄影画面的色彩可以将拍摄者的理念和主题真实地再现给观者。摄影作品中通常都充满了无限丰富和变化莫测的斑斓色彩，色彩构成了摄影艺术非凡的艺术表现力，而摄影色彩意境的表现又是评判摄影作品优劣的重要标准，处理好色彩关系是摄影作品表现力和艺术感染力的关键所在。

第一节　色彩基础

一、色彩的概念

色彩是通过眼、脑和我们的生活经验所产生的一种对光的视觉效应。人对色彩的感觉不仅仅由光的物理性质所决定，还包含心理等诸多因素，例如人对色彩的感知一般会受到环境颜色的影响。光通过色彩向我们展示出了人类世界的精神和灵魂，它能带给我们微妙的生理与心理感受，人们能够应用这些原理与规律创造出奇幻、绚烂、华丽、质朴等无穷的视觉效果。

二、色彩的属性

色彩具有三种属性，即色相、明度、纯度。三属性是界定色彩感官识别的基础，灵活应用三属性变化是色彩设计的基础。

（一）色相

色相是色彩的首要特征，是区别色彩的名称，即色彩的相貌，如赤、橙、黄、绿、青、蓝、紫等。色相的命名方式一般是以生活中易见的自然物加入其所代表的色彩范围来命名，例如玫瑰红、土黄、天蓝等。事实上任何黑白灰以外的颜色都有色相的属性。如图 5-1 所示，玫瑰红就是以自然物玫瑰的颜色加入其代表色彩范围来命名的。

图 5-1　玫瑰红

（二）明度

明度是色彩的明暗程度。

在孟塞尔色立体明度体系中，共将明度分为 11 个层次，明度最低的纯黑用 0 表示，明度最高的纯白用 10 表示，其他灰色层次介于两者之间。其中黄色明度最高，紫色明度最低，红、绿、蓝的明度相近，为中间明度，如图 5-2 所示。明度还影响相同色彩的饱和度，如图 5-3 所示，明度最高和明度最低的同一色彩饱和度较低，中明度色彩饱和度则较高。

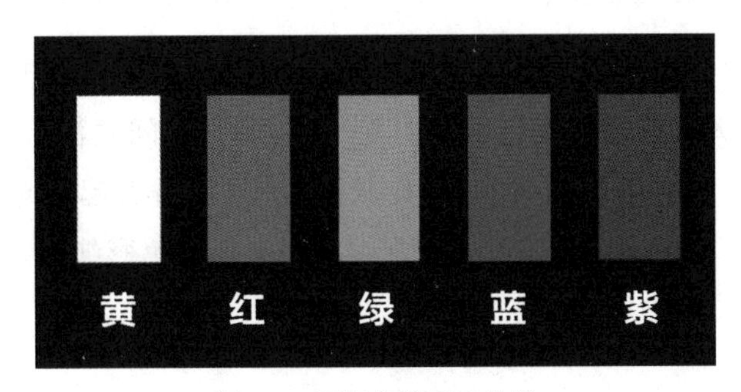

图 5-2　不同色彩明度差异

图 5-3　相同色彩明度差异

明度取决于被摄体的反光率和光线照度。当光线照度一定时，被摄体的反光率大时，色彩较亮，明度较高；被摄体的反光率小时，色彩较暗，明度较低。被摄体的反光率一定时，照度越强，明度越高；照度越低，明度也越低。

（三）纯度

色彩纯度指的是色彩的饱和程度，色相的纯度显现在有彩色里，纯度最高的色彩为原色。所有色彩近乎都由三原色混合而成，纯度变化由三原色混合比例决定，同时也可以通过加减黑色、白色或者灰色产生。有一定纯度的色彩会有相应的色相感，即色彩倾向。色彩倾向越明显，纯度越高，反之，纯度则越低。

如图 5-4 所示，高纯度暖调为画面营造出较强的视觉冲击和绚烂梦幻的氛围。如图 5-5 所示，低纯度色彩画面较为和谐，色彩感受不强，更易营造出严肃、冷峻的画面氛围。

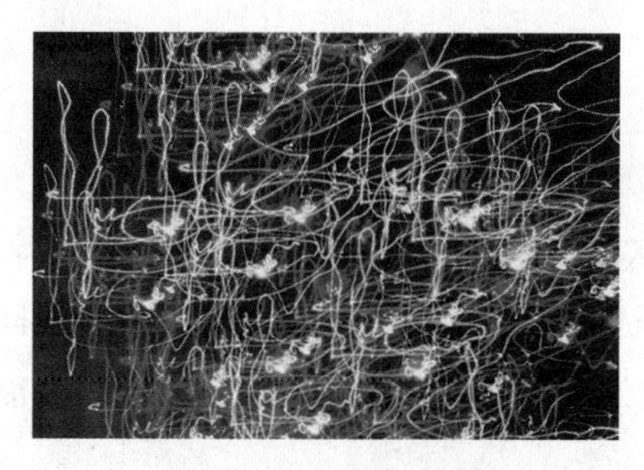

图 5-4　高纯度色彩画面

图 5-5　低纯度色彩画面

高纯度色彩视觉冲击越强烈，对人生理及心理刺激越强，但纯度过高易使人产生疲劳及厌恶感，如大面积高纯度红色易引起注意，但长时间关注会引起视觉疲劳，应慎用此类色彩。低纯度色彩相对和谐，比较耐看，但不易引起注意，视觉冲击不强。在拍摄影像过程中应根据主题等具体情况斟酌好画面的色彩纯度。

三、色彩的种类

（一）三原色

色光的三原色是指红、绿、蓝，如图 5-6 所示。

原色，又称为基色，即用以调配其他色彩的基本色。原色的色纯度最高、最纯净、最鲜艳，可以调配出所有的颜色。

摄影中主要利用色光三原色，色光三原色可以合成其他任意色彩，三原色相加可以得到白色光。

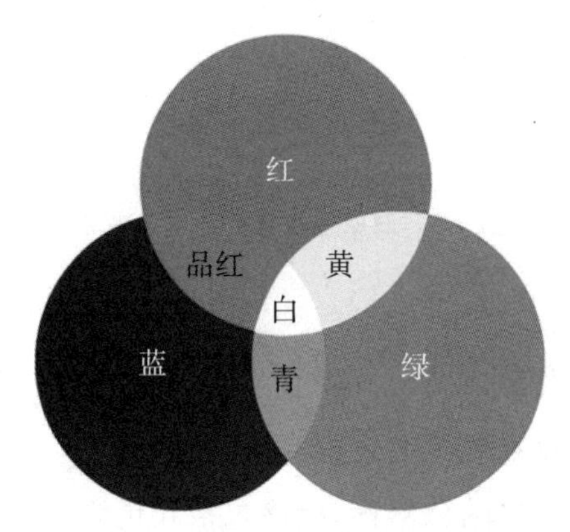

图 5-6 三原色

色光的三原色和美术领域的三原色不同。前者指的是色光，而后者指的是绘画染料。绘画染料上的三原色是红、黄、蓝，红、黄、蓝三种染料等量混合产生黑色。

（二）三补色

色光的三补色是指黄、品红、青，如图 5-7 所示。

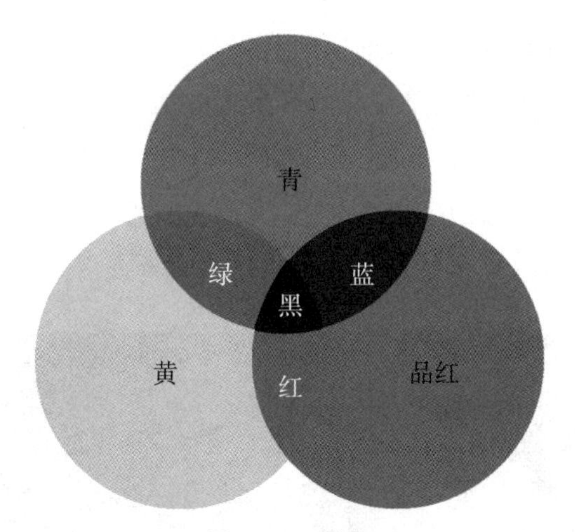

图 5-7 三补色

任何两种原色光混合，产生二次色。两种色光混合在一起产生白光时，这两种色光称为互补，它们各自成为对方的补色。互为补色的规律是：红与青互补，绿与品红互补，蓝与黄互补。如果把这六种色在一个色环上按红、黄、绿、青、蓝、品红的顺序排列，则其相对者，即为补色，三原色和三补色对应关系如图 5-8 所示。

图 5-8　三原色和三补色对应关系

（三）消色

消色指由黑色、白色及黑白两色相融而成的各种深浅不同的灰色系列。从物理学的角度看，它们不包括在可见光谱之中，故不能称之为色彩。但是从视觉生理学和心理学上来说，它们具有完整的色彩性，应该包括在色彩体系之中。

消色系按照一定的变化规律，由白色渐变到浅灰、中灰、深灰直至黑色，色彩学称为黑白系列。黑白系列中由白到黑的变化，在孟塞尔色立体中，用一条垂直轴来表示，一端为白，另一端为黑，中间有各种过渡的灰色。

消色系的颜色只有明度上的变化，而不具备色相与纯度的性质。无色系不具有任何色彩倾向，没有过多丰富的色彩细节，艺术家常以无色系或黑白方式拍摄影像来突出主题并为观者留有思考和想象的空间。

黑白摄影的魅力在于，从繁复的色彩和形式中剥离出主题与精神，将无关主题的其他内容在视觉上隐藏起来，使画面更加精练，将现实符号化、抽象化。色彩则以丰富的灰色层次再现摄影内容的质感与形态，强调出情感与气氛。同时，黑白灰的形式更容易让观者以想象的方式将场景中的内容与精神再现出来，如图 5-9 所示。

图 5-9　黑白照片的魅力　摄影：Shirak Karapetyan-Milshtein

（四）极色

极色是特殊材质物体色，通常具有反光强的特点。主要指金、银色等特殊颜色。此类颜色反光敏锐，属于贵重金属色，常给人以辉煌、高级、珍贵、华丽的视觉感觉。极色是装饰性与实用性较强的色彩。如图 5-10 所示，极色在电影、电视片头及场景设计中的应用非常广泛，呈献给观众大气、辉煌、华丽的视觉感受。

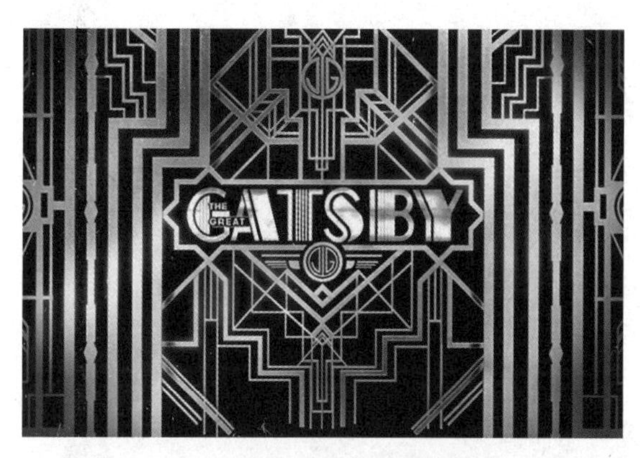

图 5-10 极色的视觉感受

第二节 各种照明条件下被摄体的色彩特征

一、直射光照明条件下的被摄体色彩特征

任何一幅摄影作品，画面中影调的分布、图像的形成以及色彩的变换都离不开光线照明。人们称摄影是"用光线作画"。同样的景致，同样的摄影视角，在不同的时间、不同的光线下被摄体的色彩却千变万化。被摄体色彩主要受自然光照明或人工照明光线的影响。自然光照明条件下，太阳光起到关键性作用，太阳的高度位置与拍摄方向所形成的角度的变化决定光位。而在人工照明光线下，光位可根据摄影造型的需要进行调节，以达到预期的画面效果。

光的强度、颜色以及方向是光线最基本的特征。光线的方向是指光源处与拍摄处之间所形成的照射角度。而在方向上我们又可分为水平与垂直方向的光线。水平方向的光线又可分为：顺光、前侧光、侧光、侧逆光、逆光等。垂直方向的光线分为：顶光和脚光等。不同的照明光线下，被摄体色彩特征也各有不同。

（一）顺光照明条件下被摄体的色彩特征

顺光摄影时因被摄体所有部位都暴露在直射光中，遮挡了景物自身的阴影，整体色调柔和，其优点是遮住了被摄物本身的凹凸及褶皱，极好地体现了被摄物体固有色，颜色表现真实，色泽清晰鲜亮。但此时摄影，许多微妙的色彩细节变化常常被光线统一，没有明显色调变化，使得图像缺乏视觉层次感，被摄体侧面不易产生阴影，从而削弱了立体效果和空间感。

如图 5-11 所示，蜜蜂与花在顺光的光线下，色泽鲜明而柔和，但蜜蜂身上的细节以及花瓣之间的纹理结构偏弱，被光隐藏的阴影削弱了图片的视觉层次，画面缺乏立体感。

图 5-11　顺光—被摄体的色彩特征

（二）前侧光照明条件下被摄体的色彩特征

前侧光又称斜侧光。这种照明效果能细致地表现图像的明暗层次变化，突出被摄体的质感和轮廓。如图 5-12 所示，摄影作品的色彩鲜明而强烈，图像阴暗层次丰富细腻，立体感强。

图 5-12　侧光—被摄体的色彩特征

（三）侧光照明条件下被摄体的色彩特征

侧光的光线可从被摄物左或右侧方照射物体，侧光在被摄体上能够形成亮部、暗部以及阴影，立体效果极强。

在正侧光下，被摄体明暗面积各占一半，物体阴影在侧面，能更好地表现被摄体的立体效果和空间进深感，物体色泽和质感表现细腻，在具有凹凸质感以及表面结构较粗糙的物体上拍摄，效果更突出，如在沙漠、浮雕、石头、水纹等。物体凸起的部位遮挡住直射光线形成阴影，表现出的物体轮廓构成明暗对比，反差的存在使得拍摄画面效果更加生动活泼，色彩微妙而鲜明。通常情况下正侧光不宜拍摄人物头像，90°的侧光会使人脸部明暗比例各占一半，形成亮暗对峙的“阴阳脸”，色彩明暗差异过于分明，影响拍摄物体的美观性。如果后期图像色彩处理得当，这种对峙会给人硬朗的强烈视觉感觉，赋予作品个性魅力。

如图 5-13 所示，该作品表现的人物均采用侧光，以脸部中线为交界线形成阴影，塑造出分明的人物形象。

图 5-13 侧光—被摄体的色彩特征

（四）侧逆光照明条件下被摄体的色彩特征

侧逆光让被摄物体大面积为背光，画面往往仅有一条轮廓线，物体明暗面积对比分明，画面色彩反差鲜明，富有较强表现力。侧逆光往往要与辅助照明一起使用，以免出现拍摄物体背光部分过暗，而削弱画面立体层次，影调过重影响背光部分的细节和色彩视觉效果的表达等情况。进行辅助光照明时要注意把握好亮度，不宜过亮，仅做补光使用，利用此光线拍摄的摄影作品，在修饰后画面立体层次丰富，艺术表现力较强。

（五）逆光照明条件下被摄体的色彩特征

逆光光线能够清晰地勾勒被摄体的轮廓形状，被摄体轮廓锐利鲜明，能够清晰地形成一条与背景分离的分界线，故被人们称做“隔离光”。但逆光拍摄的物体通常暗部色彩过于黑暗，需要反光板等辅助光源进行补光，从而使整体图像得到正常曝光。

如图 5-14 所示，该摄影作品中只留下女人与狗优美的轮廓曲线，通过夕阳西下的背景光线与画面主体女人与狗形成强烈对比，形成强烈视觉反差。色彩构成发生了远近的不同变化，前面主体暗，后面背景亮，使得画面色彩形成由远及近的微妙空间关系。

图 5-14　逆光—被摄体的色彩特征

（六）顶光照明条件下被摄体的色彩特征

利用顶光光线进行拍摄，不利于表现空间层次，正面需做适当的补光，其色彩明度反差较大，视觉冲击较强。如图 5-15 所示，头像头顶部、前额、鼻梁为受光区，而眼睑、鼻底以及下颚为暗部。明暗色调反差较大。

图 5-15　顶光—被摄体的色彩特征

（七）脚光照明条件下被摄体的色彩特征

脚光形成一种自下而上的投影，常被用做表现性光源，此光源明暗反差度较大，受光部色彩较鲜艳，视觉冲击力较强。常用做突出个性化的人物形象、烘托氛围等。

有些电影在拍摄惊悚剧照时会采用该照明方式。如图 5-16 所示，通过灯光的渲染，整个画面增添了神秘、沉静的冷色氛围。

图 5-16 脚光—被摄体的色彩特征

二、不同天气条件下被摄体的色彩特征

（一）晴朗天气时被摄体的色彩特征

在晴朗天气下，上午十点至下午三点，这一时间段的太阳光的照射光线相对比较稳定。直射光投射在被摄体的色彩相对鲜亮，色彩饱和度和对比度都相对较高。在此光线下被摄体色彩明暗差异较大，受光部颜色相对较浅，而暗部颜色又过于沉重。总的来说，直射光不作为彩色摄影的理想光线。

（二）阴雨天气时被摄体的色彩特征

阴天的光线一般属于散射光。理论上讲，散射光是最适合拍摄人像的，其光线比较柔和细腻，亮暗面的差别较小，过渡自然，没有过亮的高光，也没有过于沉重的暗部色彩，影调变化浑厚而均匀，散射光线是拍摄人物的最佳光线之一。

（三）雾天时被摄体的色彩特征

在空中有薄云或雾蒙蒙的天气时，太阳光和天空反射的散射光强度差别较小，光线变得相对柔和，这种属于漫射光线的一种。这种光线下被摄体亮部过渡自然，反光较少，色彩丰富。而暗部影调又没有直射光下那么沉重、生硬，画面明暗反差较小，亮部及暗部影调层次变化细腻丰富，微妙的色彩关系可以在摄影作品中得到更好表达。而出现大雾、雾霾时，被摄体色泽会略显单一，色彩纯度下降。

三、不同时间条件下被摄体的色彩特征

（一）黎明时被摄体的色彩特征

黎明时分的色彩大多以青蓝色调为主，而在太阳光照射下，被摄体色彩会倾向于

品红色，画面温馨而和谐。图 5-17 为一幅黎明景象，画面色彩呈现蓝色调。

图 5-17　黎明—被摄体的色彩特征

（二）日出与日落时被摄体的色彩特征

日出与日落时，在太阳光的低角度照射下，由于空气中介质的作用，到达地面的光线被大量散射，此时的被摄体对比度较高，投影较长，波长较长的红光大量到达地面，致使画面色彩多为柔和的暖红色调。彩色照片在表现暖红色调时要比我们肉眼看到的红色光更强烈。如图 5-18 所示，日出景象，画面色彩呈现暖黄和暖红色调。

图 5-18　日出—被摄体的色彩特征

（三）中午时被摄体的色彩特征

正午的太阳高照，此时的阳光为直射光，光线照度强烈，形成明度差较大的影调，画面完整性容易割裂。

（四）傍晚时被摄体的色彩特征

傍晚的色彩主要以人工照明及月光为主，在照明灯光及月光的影响下，摄影作品的色彩多在整体深蓝色基调下呈现醒目艳丽而又丰富多彩的暖色变化。如图 5-19 所示，该图为城市夜景，斑斓的灯光倒映在深蓝色的湖面上，形成光怪陆离的视觉感受。

图 5-19　傍晚—被摄体的色彩特征

第三节　色彩与情感

一、色彩与情感

人们在观察色彩时，心理会受到色彩的影响而产生变化，这些变化让人们产生多种不同的情绪，如温暖、活泼、愉悦、沉静等。但是不同的种族、职业、年龄、性别或是不同个体，都多多少少会对色彩产生不同的反应。即便如此，色彩仍具有普遍性的共同情感，比较普遍的色彩与情感的关系如表 5-1 所示。

表 5-1　色彩与情感的关系

色彩	色彩联系	色彩情感
红	火焰、夕阳、血液	喜悦、热情、革命、勇敢、热心、活泼、兴奋、愤怒、残暴、权力、坚强、诚心
橙	橙子、秋叶、橘子	快活、华贵、积极、跃动、精力旺盛、温情、任性
黄	黄金、黄花、香蕉	阳光、高贵、光明、鲜明、愉快、发展、和平、胜利、轻薄、冷淡
绿	草木、树叶、森林	生命、活泼、和平、希望、新鲜、安慰、平静、稳健、理想、纯情、柔和
蓝	天空、海洋、湖水	崇高、永恒、冷清、宁静、沉静、沉着、深远、消极、悠久、冥想、真实、冷静
紫	葡萄、茄子、紫罗兰	优美、神秘、不安、永远、高贵、温厚、温柔、优雅、轻率
黑	黑夜、墨汁、黑布	严肃、恐怖、神秘、寂寞、悲哀、绝望、黑暗、不正、阴郁、诡秘、深远
白	白云、雪花、白纸	明净、纯洁、朴素、坦率、欢喜、明快、和平、神圣、清楚、脆弱、悲悼、高尚

色彩与情感的关系是摄影色彩需要研究的摄影艺术与心理学交叉的专业内容，色彩在客观上是对人们的一种刺激和象征；在主观上又是一种反应与行为。色彩情感从视觉开始，经由知觉、感情而到记忆、思想、意志、象征等，其反应与变化是极为复杂的。

二、不同色彩的情感表现

（一）红色

红色通常象征着活泼、热闹、温暖、幸福、吉祥与希望。另一方面，它还象征着暴力、流血、刺激与激情。它是斑斓世界中最赋激情的色彩，也是最容易吸引人注意的颜色。在生理上红色可以使人血压小幅增高，情绪激动。

中国人对红色有很深的情结，它通常象征了吉祥与如意，是节日、嫁娶等重大仪式的常用色彩。在中国古代建筑上，窗框、门框等需要勾勒轮廓的部分总是用红色来装饰，寄托了人们对富贵与吉祥的向往。

红色因混合颜色的不同分为大红、紫红、粉红、玫瑰红、朱红等种类。

其中紫红常给人富贵、尊荣之感，朱红是清新与优雅的代表，粉红常带给人们可爱、柔美的情绪，大红色体现了活力、强壮、刺激与欲望，玫瑰红因与玫瑰色同，常给人以爱情的隐喻。

红色的情感化在电影中的应用

如图 5-20 所示，在黑白电影《辛德勒的名单》中唯一出现的彩色人物——一个身着深红色外衣的小女孩，她的出现给了观影者对电影中纳粹罪恶笼罩下的人民一丝生的希望，其中红色的运用既让观者将注意力集中在了小女孩身上，同时隐喻了一丝生机，也为最终小女孩的死去埋下了让人绝望哀叹的伏笔，反省战争中人们对生的希望和绝望，这抹红色便是这希望也是这绝望。

图 5-20　红色在电影中的应用

（二）橙色

橙色的名字取自水果，橙，给人以亲切之感。橙色是活力的象征，是高兴和欢喜的颜色。橙色还给人愉悦和休闲的印象。在生活中，橙子、蔬果、饮料、食品、霞光、灯彩，都有艳丽的橙色。因其具有明亮、华丽、健康、兴奋、温暖、欢乐、辉煌以及动人的色感，所以女性喜以此色作为装饰色。橙色常给人光明、兴奋、甜蜜、快乐的感觉，同时橙色也能引起食欲，这也是为何快餐店常以橙色作为装修、装饰基准色。橙色是温暖、火焰、阳光的象征，因此它常带给人们运动和青春的感觉。因为橙色是明快轻松的颜色，所以在庄重严肃的场合很少使用橙色。

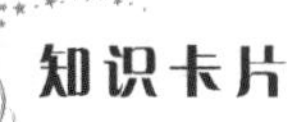

知识卡片

橙色情感化应用

如图 5-21 所示，图中左侧为吉野家用餐环境，右侧为肯德基用餐环境，装修装饰中运用了大量的橙色，这种色彩搭配方式大量应用在各类快餐店，橙色搭配可以增加客人的食欲，同时带给客人更愉悦的用餐体验。而橙色搭配在咖啡店中少之又少，主要因为橙色虽明快却不显高雅。

图 5-21　橙色情感化应用

（三）黄色

黄色是明度极高的颜色，在生理上能刺激到大脑中与焦虑有关的区域，具有警告的效果，同时因为黄色色彩鲜艳能够吸引人的注意，特别是与黑色相配时，所以国际上常以黑黄相配作为警告色。黄色象征信心、聪明、希望，淡黄色显得天真、浪漫、娇嫩。但纯度很高的黄色有不稳定、挑衅的意味，不适合出现在可能引起冲突的场合。黄色适合在愉悦的场合出现，譬如生日会、同学会，也适合在引起人注意时使用。

黄色给人以光明、辉煌、轻快、纯净、快乐、希望、智慧和明朗的情绪与感觉，与橙色一样也能引起一定的食欲。自宋代以来，帝王与宗教传统均以辉煌的黄色作服饰，所以黄色又给我们以皇权、崇高、智慧、神秘、华贵、威严的感觉。

（四）绿色

绿色，因为取自自然界的花草树木，因此给人以生命、青春、和平、安详、新鲜、健康、安全等情绪和感觉。其中，浅绿色让人想到稚嫩、生长、青春与旺盛的生命力，深绿色象征着茂盛与茁壮，墨绿色给人稳重、沉着、睿智的感觉，暗绿色象征着深沉。

绿色可以使人平静，在生理上降低人的血压，让人冷静下来。绿色常给人以无限希望，伦敦布莱克大桥在涂黑色漆时，是著名的自杀之桥，当它被涂成绿色之后，自杀人数明显降低，由此可见绿色带给人们的希望和沉静。

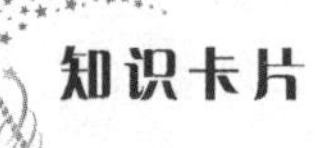

知识卡片

绿色情感化应用

如图 5-22 所示，大面积的绿色竹林与白色素雅服装的人物，共同构成了清新淡雅的自然画面，给人以静谧、轻盈的感觉和情绪。（本案例图片来自电影《卧虎藏龙》）

图 5-22　绿色情感化应用

（五）蓝色

蓝色能够让人联想到天空、大海、星空等自然景象，让人有幻想、自由、梦想和青春的想象空间，给人以睿智、平静、安稳、沉着的感觉和情绪。看见蓝色，在生理上会使全身有放松之感。

蓝色是短波长冷色，从心理和情感上会给人以冷静、沉静、理智的感觉，这与科学研究所需具备的特性有很多共同点，所以很多科技场所会以蓝色和白色为主色调，有利于精细严谨的思维运转，蓝色是当代科学与科技的象征色。深蓝色给人沉着、稳定之感，是中年人偏爱的颜色之一，但深蓝色也常常代表忧郁。浅蓝色明度较高，明朗而富有朝气。

（六）紫色

紫色是明度较低的颜色，在客观上和感觉上都是偏冷的色彩。中国传统认为紫色是尊贵的颜色，如北京故宫又称为“紫禁城”，而如今日本王室仍尊崇紫色。所以紫色有时会让人联想到皇室和宗教庆典，淡紫色给人以高贵、优越、幽雅之感，深紫色给人以神秘、流动、不安的情绪。

在商业摄影中，除了和女性有关的商品或企业形象之外，其他的设计不常采用紫色为主色，因会联想到淤青、中毒等景象，它常常会给人一些不健康、腐败和悲伤的感觉与情绪。

（七）消色

消色因明度的高低会给人不同的情绪与感受。

明度最高的白色给人以明亮、洁净、雅致与纯洁的感觉，但又可能产生单调、恐惧、悲哀、空虚飘忽之感，同时因为中国传统民俗，白色常常让人联想到葬礼、祭祀等。

明度最低的黑色给人以安静、深思、高级、严肃、庄重、坚毅之感，但又可能产生阴森、恐怖、沉闷、悲痛，甚至死亡等印象。

明度适中的灰色则具有中庸、平凡、温和、中立和高雅的感觉，但同时也会给人污浊、沉闷的感觉。

黑白灰色的组合会给人高级和冷静的感觉和情绪，这也是为何在摄影和设计作品中最常见到黑白灰的无彩色组合。

第四节　摄影画面色彩构成

本部分主要从暖调与冷调，高调、中调与低调，对比与和谐，消色等几方面介绍摄影色彩构成。

一、暖调与冷调

色彩中的冷调与暖调指的并不是实际的色彩温度，而是色彩带给人冷或暖的心理暗示和感知,是视觉心理的知觉反应。人们对冷调、暖调的感知主要体现在看到色相后产生的情感联想与心理暗示,如暖调中红色调和黄色调,分别让人联想到火焰与阳光,这些元素都会给人温暖的感觉,色彩的冷暖色系如图 5-23 所示。

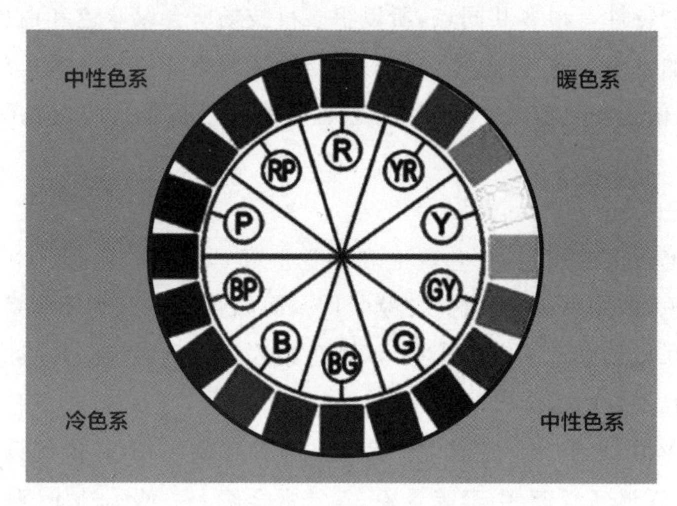

图 5-23　色彩的冷暖色系

(一) 暖调构成

通常来说暖调能给人以热烈、温暖、温馨等情感联想,包含喜庆、健康、光明、活力、希望等寓意,摄影时可以选择被摄主体的颜色多为红、橙、黄一类的暖色色调,来烘托暖调氛围,也可选择暖色滤光镜或在后期处理图片时将画面调至暖调。

如图 5-24 所示,作品中以大面积的日出阳光的暖橙色为主色调,配以小面积蓝灰色调,营造出日出的暖意与希望。

图 5-24　暖调画面

（二）冷调构成

冷调通常给人寒冷、静谧、神秘的感觉和情绪，包含着冷漠、忧郁、沉静、冷静等寓意，拍摄时可以选择被摄主体或背景颜色多为蓝色、绿色、紫色等冷调色彩，来营造冷调氛围，也可以通过选择冷色滤光镜或后期处理图片的方式根据主题将画面调至冷调。

当然，冷调与暖调并不意味着摄影画面完全只有同类色，应遵循和谐中有对比。如图 5-25 所示，作品中以蓝白色的冷调为主色调，营造出冬日寒冷、孤寂的氛围。

图 5-25 冷调画面

二、高调、中调与低调

一幅彩色摄影作品会因明度差的区别给人或强烈、或柔和的心理感受，这就需要我们在彩色摄影作品拍摄、处理的过程中处理好这种明度差，让画面具有与主题相符合的明度调性。

（一）高调构成

以高亮度的色彩为主构成画面的影调为高调，又称明调。高调画面通常给人轻快、优雅、轻柔、高贵的视觉感受。因画面明度层次分布的不同又分为高长调、高中调、高短调。其中，高长调明暗对比最强，画面效果最强烈，引人注目；高短调明暗对比最弱，画面效果柔和、淡雅，使人耳目一新；高中调明暗相对适中，给人鲜明、轻快的视觉感受。在拍摄高调画面时，要注意表达主题与画面风格的统一，需将画面的影调层次调节得更加丰富。如图 5-26 所示，照片中以大面积暖白色为主调，配以极小面积红色，整个画面给人清新、淡雅、宁静的视觉感受。

图 5-26　高调画面　摄影:甄爱迪

（二）中调构成

从明暗对比的关系来看,中调是处于高调与低调之间的影调,影调对比适中,层次丰富,常给人色彩效果丰富、深刻、力度感强、饱满的视觉感受。根据画面明度层次分布可分为中长调、中中调、中短调。其中中长调明暗对比最强,给人丰富、饱满的色彩感受;中短调明暗对比最弱,给人含蓄、朦胧、模糊的视觉感受;中中调相对适中,表现出既含蓄又丰富的色彩调性。拍摄时需曝光正常,光线明暗对比适当。如图 5-27 所示,作品中色彩鲜明、明度层次丰富、以较适中明度铺满整个画面,给人丰富、饱满的视觉感受。

图 5-27　中调画面　摄影:张惠盈

（三）低调构成

以低明度的色彩为主构成画面的影调为低调,又称暗调。低调画面通常给人稳重、沉静、忧郁、压抑、恐怖的视觉感受。根据画面明度层次分布不同可分为低短调、低中调、低长调。其中低长调明暗对比最强，给人雄伟、深沉的感受；低短调明暗对比最弱，给人神秘、压抑、恐怖的感受；低中调明暗适中，给人朴素、有力的感受。与高调相反，拍摄这一形式的画面主要选择深色背景和深色被摄物，多采用侧光、侧逆光、逆光或顶光等光位，可利用剪影、半剪影或大面积的投影构成低调效果。如图5-28所示，作品中使用大面积黑色和低明度颜色，明暗对比较强烈，给人很强的深沉感与严肃感。

图5-28　低调画面　摄影：崔力恒

三、对比与和谐

色彩的和谐是产生于对比的，没有对比，和谐也就无从说起，摄影作品自身的审美价值，产生于色的对比与和谐所形成的色彩效果的协调与生动。

（一）对比构成

在拍摄过程中，利用红色与蓝色、黄色与蓝色、紫色与橙色等具有强烈对比效果的对比色进行画面色彩配置，能够呈献给受众很强的视觉冲击效果，拍摄者可以充分利用对比构成搭配色彩，来强调画面色彩的丰富与激烈对比，并通过色彩反差来突出拍摄主体，淡化背景。

色彩对比构成又可分为：冷暖色对比、补色对比、明度对比、纯度对比、色相对比等。此类画面对比常具有色彩鲜明、视觉冲击强、引人注目的视觉效果。如图5-29所示，作品中大面积高纯度粉红与蓝色的对比营造出很强的视觉冲击力。

图 5-29　对比画面

（二）和谐构成

和谐构成营造出的视觉效果与对比构成相反，它是以追求画面的和谐统一为目标，让观者感受到清新、优雅、柔和的视觉氛围。和谐构成方法可分为：同类色和谐、类似色和谐、低纯度和谐、消色和谐等。

色彩的和谐并不意味着画面中没有对比，完全和谐的色彩有时会给人沉闷、呆板的视觉感受，这就需要我们根据拍摄主题的不同，调整和谐画面中小的色彩对比元素，让画面在和谐统一的基础上又具备一定视觉冲击力与鲜明程度。斑斓的色彩摄影的魅力就在这和谐统一与丰富变化的对比组合之中。如图 5-30 所示，作品中大面积的中纯度红色与暖黄，营造出温暖的画面氛围，也实现了画面和谐统一。

图 5-30　和谐画面

四、消色

(一) 消色原理

色彩之所以千变万化是因为不同物体对光源光谱吸收和反射的色光不同。如蓝色物体是其吸收了光源中除了蓝色外的其他光色，而只将蓝色光反射，从而使其看上去呈现蓝色的色彩效果。其中，黑色、白色、灰色是三种特殊的颜色，因为黑色全部吸收了光源色光，不反射色彩；白色反射了绝大部分色光使其反色光仍为白色；灰色则是等量吸收并反射了各种色光使其呈现出无色彩倾向的灰度。这三种特殊颜色在摄影中被称为“消色”或“无彩色”。

(二) 消色构成

消色虽然无色彩倾向，但却在摄影画面中发挥着重要作用。首先，消色与任何颜色相配在色彩上都会取得和谐统一的视觉效果。其次，用不同明度的灰色构成画面可以获得优雅、别致的视觉效果，并给人较高档次与品位的心理暗示，这也是黑白照片的魅力所在。再次，消色与有色彩搭配组合可以通过有色与无色的对比，强化有色的色彩特征。

如图 5-31 所示，作品中黑白灰的层次对比营造出既强烈又和谐的画面，而黑白灰消色的运用又为画面营造出优雅格调，尤其空鸟笼在消色的衬托下格外亮眼，引人联想。

图 5-31 对比画面

第五节　色彩的特性

一、色彩特性综述

不同波长的色彩光的信息作用于人的视觉器官，通过视觉神经传入大脑后，经过思维，与人脑中以往的视觉经验与心智模型产生联想与想象，从而形成一系列的色彩知觉反映，人们根据这些反映总结出了色彩的特性规律。如：色彩的软与硬、轻与重、前与后、膨胀与收缩、兴奋与沉静、华丽与质朴等。本部分主要介绍色彩的几种显著的特性。

二、色彩特性分类

（一）色彩的软硬感

色彩的软硬感主要取决于色彩的明度，同时与色彩纯度也有一定关系。

一般其他色彩条件不变的情况下，明度越高的色彩给人感觉越软，明度越低则给人感觉越硬。当明度一定时，中等纯度的色彩呈柔软感，而高纯度和最低纯度的色彩都呈现出硬感，如果明度低则硬感更显著。而色相与色彩的软硬感关系并不明显。如图 5-32 所示，作品呈现出低纯度、高明度的色彩特征，整体给人柔软、清新的视觉感觉。

图 5-32　色彩软感

如图 5-33 所示，作品呈现出较高纯度的色彩特征，整体给人较硬的色彩感受。

图 5-33 色彩硬感

（二）色彩的轻重感

色彩的轻重感与明度、纯度、冷暖等色彩特性相关联。

色彩明度方面（其他色彩条件相同情况下）：明度较高的色彩给人轻量感，明度较低的色彩给人沉重感。

色彩纯度方面（其他色彩条件相同情况下）：纯度居中的色彩给人轻量感，纯度极高或极低的彩色给人沉重感。

色彩冷暖方面（其他色彩条件相同情况下）：色相偏冷的色彩给人轻量感，色相偏暖的色彩给人沉重感。

如图 5-34 和 5-35 所示，两幅作品中图 5-34 中色彩纯度较适中、明度较高，画面给人轻量感；而图 5-35 色彩纯度较高、明度较低，画面整体给人沉重感。

图 5-34 轻量色彩

图 5-35 重量色彩

（三）色彩的前进与后退感

色彩具有前进与后退的视觉感受对比，因为各种不同波长的色彩在人眼视网膜上的成像有前有后，红、橙等光波长的色彩在内侧成像，感觉比较迫近，而蓝、紫等光波短的色彩则在外侧成像，在同等距离时感觉相对后退。这是一种色彩的视觉错觉现象，一般来说，暖色、高明度色彩、高纯度色彩、强对比色彩组合等有前进感，与此相反，冷色、低明度色彩、低纯度色彩、弱对比色彩组合等有后退感。

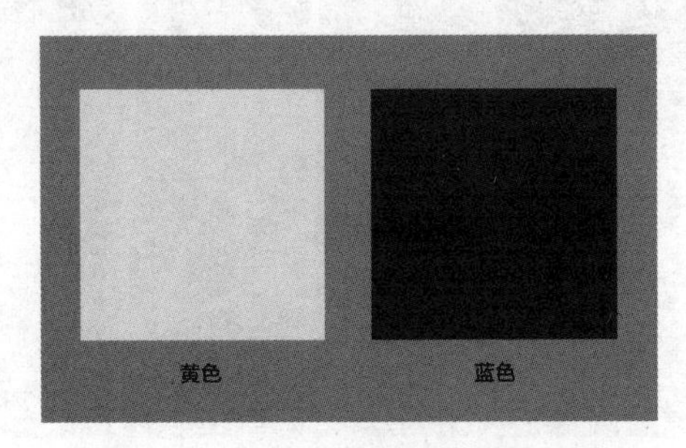

图 5-36 色彩的前进与后退感对比

如图 5-36 所示，左侧的黄色方块比右侧的蓝色方块呈现出更向前的视觉感受，蓝色方块相对有后退感，其原理是高明度、暖色具有前进感，低明度、冷色具有后退感。

（四）色彩的膨胀与收缩感

色彩的膨胀感、收缩感与前进、后退感原理相近，主要由色光的波长决定，不同波长的色彩在视网膜上的影像清晰度本身就具有一定差别。色彩的膨胀、收缩感不仅与色彩波长有关，还与色彩的明度有较大关系。

从色彩冷暖来讲，通常情况下的暖色，如黄、红、橙等，具有色彩膨胀感，看上去较“大”。而冷色，如蓝、绿、紫等，具有色彩收缩感，看上去较“小”。

从色彩明度来讲，通常情况下明度高的色彩具有膨胀感，明度较低的色彩具有收缩感。如图 5-37 所示，左右两边中心内圆的实际大小一致，但视觉上左侧白色中心内圆略大于右侧黑色中心内圆。

图 5-37 色彩的膨胀与收缩

由于色彩有前后的感觉，因而暖色、高明度的色彩有扩大、膨胀感，冷色、低明度色彩有减小、收缩感觉。一般来说，暖色有扩张性并能够引起人们的注意，而冷色有收敛性且不大引人注意，有滞后感。按大小感觉的划分，色彩的排列顺序为红、黄、橙、绿、蓝、青。充分利用色彩的大小感觉也是我们拍摄中画面色彩构成常见的一种表达方法。图 5-38 是利用了暖色有扩张性并能够引起人们的注意,而冷色有收敛性且不大引人注意,有滞后感的特点来构成画面,突出主体的。

图 5-38 暖色扩展冷色收敛 摄影:向诚

(五) 色彩的兴奋与沉静感

一般来说,冷色具有压抑心理亢奋、让人沉着冷静的作用,属于冷静色,其中以蓝色最具清凉、沉静的作用。而暖色容易引起人的亢奋和激情,属于兴奋色,其中以红色最具兴奋作用,但长时间面对兴奋色更容易引起人的视觉疲劳。

另外,明度较高、纯度较高的颜色如黄色等,也都具有令人兴奋的作用。而明度与纯度较低的颜色更偏向镇静的作用。

如图 5-39 所示,作品中虽然有两只飞翔的鸟,但绝大面积的冷色——深灰蓝色构成的画面依然呈现出沉静的视觉感受。

图 5-39 沉静色彩画面

如图5-40所示，作品中以出租车呈现出的大面积的兴奋色——黄色来构成画面，辅以暖色阳光，有着让人充满希望、愉悦、兴奋的色彩感受。

图 5-40 兴奋色彩画面

如今大多数医生在做手术时会身着绿色或蓝色手术服，一方面可以缓解医生手术中长期面对红色引起的视觉疲劳并掩盖衣服上的血色，另一方面是因为绿色或蓝色可以让人沉静下来。这就是冷色带来的沉静的视觉感受在现实中的应用。

（六）色彩的华丽与质朴感

在色彩系统中有彰显华丽的色彩，也有朴实无华的色彩。这种感觉差别以民族文化传统观念为主要因素，在色彩理论范围内纯度对色彩华丽与否影响最大，同时明度和色相与其也有一定的关系。

中国自宋代以来均以黄色为皇家帝王的专用颜色，在我国当下文化中，华丽的颜色主要是指纯度较高、色彩明快、活泼、鲜明的视觉冲击强烈的颜色，其色彩大多偏暖。当然这其中并不包括纯度最高的纯色。而与此相反，朴素的颜色大多是朴实无华、色彩纯度极低的颜色，以纯灰色及低纯度土黄色最为典型，其色彩大多偏冷，色彩视觉冲击较弱。如图5-41所示，作品中使用大面积的金色构成画面，给人雍容华贵的视觉感受。

图 5-41 华丽色彩画面

如图5-42所示，作品空间呈现大面积浅灰色构成画面，给人朴实无华、清新淡雅的视觉感受。

图5-42 质朴色彩画面

第六节 色彩配置

色彩配置就是色彩间的组合关系。一张彩色照片中，不同的色彩配置能渲染出不同的氛围，如何配置色彩达到更好的视觉效果，是摄影师需要考虑的专业问题。摄影师在进行摄影时需要遵循一定的配色法则进行色彩配置，色彩法则是前人在色彩实践的基础上将其系统化而形成的一套相对完整的配色原理。按照配色法则进行的色彩配置，能使原有繁杂无序的色彩变得和谐统一，给人的心理和视觉带来美的享受。

一、色彩的和谐

1. 同类色和谐

同类色主要是指同一色相中不同的颜色，如红色中的浅红、粉红、大红、桔红等，黄颜色中的土黄、中黄、蜡黄等，这些颜色由于都具有同一色相的共性，所以搭配在一起容易产生调和的色调。

2. 类似色和谐

类似色是指色相环上相邻30度以内的颜色，如运用红、橙、黄橙等色彩进行搭配达到和谐的效果。

3. 利用低饱和度色彩和谐

饱和度就是色彩的鲜艳程度，把饱和度降低为0时，则会变成一个灰色图像，增加饱和度会增加其彩度。我们可以利用饱和度比较偏低的色彩形成色彩和谐的画面。

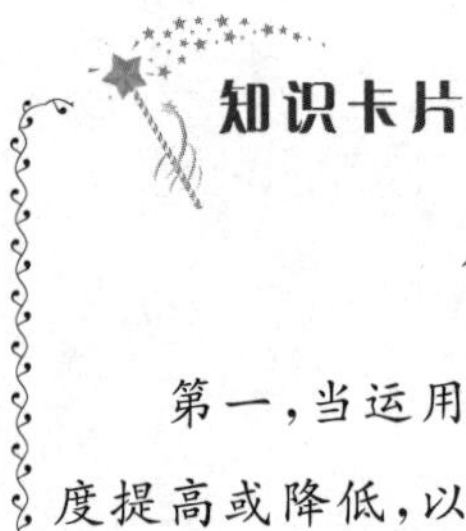

知识卡片

色彩对比取得和谐效果时需要注意的问题

第一，当运用纯度都很高的两种色别时，必须将其中的一种色别的纯度或明度提高或降低，以减少冲突感，达到和谐的目的，使色彩的对比既鲜明又生动。

第二，在纯度和明度均不调整的情况下，也可以用改变色块面积的方法，如"万绿丛中一点红"之所以没有冲突感，就是因为它们的面积一大一小，在画面上的色彩配置不是均等的。

第三，在两色之间，如果利用其他色过渡作为缓冲，或者利用黑、灰、白等消色来分割，也能给人以和谐的感觉。

二、色彩的对比

色彩中对比手法的运用是配色原理中最基本的法则之一。一张出众的彩色摄影作品，画面中的色彩一定离不开对比。色彩在大的基调下又有小的对比变化。不同的颜色出现在一张作品中就会形成对比，这种对比有的会形成强烈的视觉反差，而有的则给人以微妙的、层次感强的视觉效果。

色彩的对比涵盖的范围较广，包括色相对比、明暗对比、冷暖对比、纯度对比、面积对比以及互补色对比。

1. 色相对比

色相环中，任意两种颜色排放在一起，在对比中形成色相上的差异，我们称之为色相对比。色相对比中又有色相强对比和色相弱对比之分。色相环上颜色距离15°～30°以内的为邻近色对比；在60°以内为类似色对比；90°以内的为中差色对比；120°以内为对比色；180°左右称补色对比。

2. 明暗对比

明暗对比即颜色明暗的差异。任何颜色都可以还原成黑白灰的明暗关系来分析。一幅具有立体空间感的作品，画面一定离不开黑白灰的明暗层次变化，层次变化越丰富，画面的空间感和立体感就越强。

3. 冷暖对比

冷暖对比即冷色调与暖色调的对比。冷暖色调的对比是相对而言的，在摄影中合理运用冷暖色的对比，可以使画面主体更突出，暖色系通常指红色、橙色、黄色等；而蓝色、绿色、青色等为最常见的冷色系。还有一些很难分辨色彩冷暖的颜色我们称为中性色。不同的色彩差异给人们带来各异的心境和情绪。由红、黄橙色组成的彩色照片为暖色调照片，给人以热情、温暖、阳光的感染力；而由蓝色、青色等构成的彩色照片则给人以寒冷、冰爽、深邃等感受。万物间的色彩关系及其变化是极为微妙的。

如图 5-43 所示，该摄影作品中较好地利用了冷暖色调的对比，近景主体的暖黄色调与深蓝色的背景形成了一种强烈的视觉反差，层次变化丰富而微妙，加强了画面的立体效果和空间进深感。

图 5-43　冷暖色对比

4. 纯度对比

纯度即色彩的鲜艳程度。照片中纯度色彩的使用有强调主题、制造多种层次效果的作用。两个不同纯度的色彩摆放在一起时就会形成纯度对比。

5. 面积对比

面积对比也是色彩对比中常用的方法之一。两个不同明度的颜色要达到画面的对称与平衡，就要以不同的面积比例呈现。偏弱的色彩所占面积偏大，而相对较重的色彩所占篇幅相对较小。

6. 互补色对比

在色相环中，我们将每一个颜色对面的(即 180°左右的)两个颜色称为互补色。其视觉效果刺激而强烈，色彩间的对比达到了最大程度。最常见的如:红和绿、蓝和橙、黄与紫等。

如图 5-44 所示，该摄影作品中大胆地运用了补色对比的配色手法，主体花卉的黄色与背景的紫色形成强烈的视觉反差，达到了突出花卉的目的，并给予观者强烈的视觉刺激。

图 5-44　互补色对比

三、色彩秩序感

一幅好的摄影作品离不开色彩的秩序性。色彩秩序是将摄影作品的色彩进行系统性的整合与搭配,形成具有统一基调的作品。色彩秩序性受大小形状、面积、方向等诸多因素的影响。多样中求统一,统一中求变化。不同的色彩秩序会使画面呈现不同的节奏与韵律。摄影作品中的色彩种类不是以多为好,而是适量配置。以色彩表达的需要为出发点,建立和谐适宜的色彩秩序性。照片中色彩的秩序美可以带给人们愉悦的视觉感受和心理体验。

四、色彩基调

色彩基调就是摄影作品中的一个色彩的主要色调,能够烘托出主题所需要的气氛与情绪。画面要有色彩倾向,没有色彩倾向的作品通常颜色繁杂,无主次之分,让人产生视觉的杂乱与眩晕。一张作品中面积较大的起主导作用的颜色就是该幅作品的色彩基调。

五、色彩面积

色彩面积大小的不同也会影响摄影作品的视觉效果和色彩基调。色彩的面积要有主次之分,避免零碎散乱。例如,我们常说的红色与绿色,凡是红与绿相搭配,大多数人都会认为这是色彩错误配置的典型代表。然而他们却没有考虑到颜色之间的比例面积关系,红色与绿色只有在等量分布的情况下才会让人感觉不适宜。如果其中一个颜色占主要面积,另一个占较小面积,那么画面就会和谐又具冲击力。不同的比例关系会呈现不同的画面风格及视觉效果，进行合理的色彩面积配置，会给画面带来优雅、和谐的韵律美。

如图 5-45 所示，作品利用色彩面积的差别构建了既有视觉冲击力又和谐统一的画面。

图 5-45 色彩面积

第七节 摄影色彩处理要求

摄影色彩处理包含了摄影在艺术与技术上的双重要求，在艺术上要做到还原理念与主题的真实，而在技术上要还原摄影内容色彩与表现的真实，最终达到主题与视觉效果审美上的统一。

一、寻找画面基调

基调就是一种起主导作用的颜色或色调，是摄影作品色彩的基本色调，也是画面中最大面积的色彩倾向。基调能让观者对画面有一个整体的色彩印象，定好基调是拍摄作品前最重要的步骤之一，当选好色彩基调后，再以此为基础添加不同的色彩，适当的进行搭配，形成和谐、统一又富于变化的整体，使画面统一于一种基调之下并达到和谐中有对比。为画面寻找到基调，也就为画面确定了氛围，通过基调能让观者对摄影作品有一个大致的情感倾向。“春来江水绿如蓝”，绿色便是这画面的基调；“落霞与孤鹜齐飞”，红色便是它的基调。如图 5-46 所示，作品中背景色明度较高，前景明度较低，纯度较高，通过明度的渐进式对比，体现出层峦叠翠的山脉景象，表现出了一定的意境。

图 5-46 基调确立画面氛围

二、突出画面主体

画面中的被摄主体通常是人物、动物以及具有一定轮廓的特定事物，它们往往是拍摄者表达摄影主题的中心，也是构成画面的最重要的视觉元素。色彩的对比处理对被摄主体而言起到了烘托氛围、突出主体、划分视觉层次的作用。

通常来讲，色彩的对比效果可以很好地将被摄主体突出到画面第一视觉层次中，常用的方法主要有：冷暖对比法、补色对比法、明度对比法、纯度对比法等。如图 5-47 所示，照片中背景色纯度较低，被摄主体纯度较高，通过纯度的强烈对比，突出了被摄主体。

图 5-47 不同色彩明度差异

三、促进画面和谐

色彩的搭配是一门艺术，它既能产生强烈的对比效果和视觉冲击，又可以通过色彩之间的相互作用搭配成统一、协调的画面,如何在不失画面效果又具视觉冲击的情况下促成画面和谐统一是摄影色彩处理的艺术。

色彩画面的和谐是局部色彩与整体色彩关系与比例的和谐,违背了这种整体性的色彩组合,作品色彩就会显得杂乱无章、没有视觉层次,虽效果强烈但不持久、不耐看甚至为观者平添烦躁与厌恶。而画面的和谐、统一又不意味着色彩表现的单调与乏味,如只用同类色构成画面,虽然达到了和谐统一,却丢失了色彩丰富变化的魅力。所以,只有把握好色彩整体与局部,在大的和谐中追求局部的对比效果才是摄影画面斑斓又和谐的关键所在。如图 5-48 所示,本图色彩整体和谐统一,背景蓝天与人物红色形成了很好的局部对比,为画面营造出较强的视觉冲击和和谐唯美的氛围。

图 5-48 大和谐中的局部对比

四、隐喻画面主题

色彩具有隐喻的功能与作用,这种隐喻与观者的民族、文化、风俗、职业背景与教育程度有着密切的联系,不同的人文背景下对摄影作品的解读千差万别,这就需要摄影师了解大众观者的基本情况,运用色彩的隐喻将作品主题或相关信息诠释出来,充分地将色彩的魅力从感官体验上升至理性思考,最终升华作品主题。

色彩的隐喻的文化来源并非完全不同、毫不相关。归根到底它的源头就是生活。这就要求摄影师对生活有敏锐的洞察力,记录下生活中的“色彩”,并通过色彩摄影作品将这些生活的“色彩”表达出来。如图 5-49 所示,红色与黄色的运用将节日的氛围完全烘托出来。

图 5-49　隐喻画面主题

五、丰富画面层次

优秀的色彩摄影作品应该包含着丰富的色彩画面层次，如：色相层次、明暗层次、景深层次等，在前期拍摄和后期调整中，对于色彩层次的调整会影响到整个画面的视觉层次的表现。在前期拍摄中可以通过调整景深、安排被摄物体色彩、调整光源等方式表现色彩层次，也可以通过在后期处理中调整色彩饱和度、色彩对比度、色彩曲线等方式，将摄影作品的丰富色彩层次体现出来，让画面色彩更饱满、更立体、更丰富。如图 5-50 所示，画面层次被很好地划分，首先映入眼帘的是耀眼的阳光，其次是欧式建筑和纵深的道路，再次是路边的汽车、树木与远处的天空。

图 5-50　丰富画面层次

大千世界中，斑斓的色彩并没有好坏、优劣之分，也没有高低、贵贱之感，但符合色彩规律的搭配与组合确实能够给我们带来愉悦的观赏体验。这种微妙的生理与心理感受，正是色彩的魅力所在，智慧的人们能够应用这些原理与规律创造出奇幻、绚烂、华丽、质朴等无穷的视觉效果，给人们带来丰富、多姿的视觉生活。

白居易有诗云，"日出江花红胜火，春来江水绿如蓝"。其中最具意境的便是对山河斑斓色彩的比喻。色彩是微妙的视觉感受，更是一种隐喻、一种象征，我们可以利用色彩去诠释生活中的情趣和感受。在科学的定义里，它只是可见光作用于人眼所产生的视觉效应，但在艺术的世界中，它是不可替代的，永远焕发着无穷魅力的奇幻力量。这就是色彩给予我们、给予生活的馈赠。

思考与练习

1. 摄影色彩处理与其他艺术门类的色彩处理有哪些区别？
2. 有哪些因素导致普遍色彩规律与个体色彩感受存在差别？
3. 哪些因素影响人们对色彩的感知与联想？
4. 请举出色彩特性应用于日常生活中的实例。
5. 试分析黑白摄影的魅力与成因？
6. 怎样灵活运用色彩理论指导摄影实践？
7. 如何通过后期处理调整摄影色彩？
8. 试分析色彩与构图的联系？

第六章　专题摄影实践

学习目标

1. 进一步掌握和熟练数码图片拍摄技巧
2. 掌握不同专题图片拍摄方法
3. 能够根据图片实际需求以及拍摄环境灵活创作

在摄影过程中，常常需要围绕一个主题进行拍摄，通过多幅、成组的画面，集中地阐述一个主题思想，这样的摄影活动具有主题明确、针对性强等特点。本章结合校园特点，对不同专题摄影实践进行阐述。

第一节　校园风光摄影

一、校园风光摄影的定义

校园风光摄影属于风光摄影的一种，是以展现校园自然风光之美为主要创作题材的摄影创作。

二、校园风光摄影的拍摄技巧

（一）时间的表现

时间的表现就是要注意时间的变化，选择合适的拍摄时间。这里所说的时间既包括春、夏、秋、冬的变化，也包括一天从早晨到黄昏，甚至晚上的时间变化。一年四季有着不同的景色特点，在不同的季节拍摄校园风光景物，可使校园景色显得更加多彩迷人。

春天万物复苏、生机勃勃，要拍摄春天，最重要的是捕捉春天的信息。此时我们可以通过校园内的花花草草来展示春天的气息，如图 6-1 和图 6-2 所示。

图 6-1 《春到校园》 摄影:关键

图 6-2 《春满西山》 摄影:吴慎乐

夏季植物生长旺盛,可以通过中景、远景等拍摄来完全展现夏天枝繁叶茂的景象。另外夏天也是昆虫十分活跃的季节,可抓拍一些有蝴蝶或者蜜蜂落在花丛中的场景等,如图 6-3 和图 6-4 所示。由于夏天气温高、阳光照射强,景物容易受光照的影响而造成过高的明暗反差,这种反差对曝光提出了更高的要求,对于某些处于阴暗位置的特殊场景,需要进行较精确的点测光。

图 6-3 《蝶恋花》 摄影:石中军

图 6-4 《酿》 摄影:石中军

秋天，天气晴朗、能见度高，大部分植物开始泛黄，这时可以利用大自然的这一特点，来展现秋天的美丽。另外，秋天的天空也是很好的拍摄题材，如图 6-5 所示，蓝天白云映衬下的景物韵味十足。拍摄天空需要注意的是，应尽量避免由于测光问题而导致天空曝光过度，从而影响画面的整体效果。

图 6-5 《秋高气爽》 摄影：毛露佳

冬天的拍摄对象相比其他季节，题材比较单一。冬天的风景，主要是通过对雪的描写来进行表现的，如图 6-6 所示。除了白雪外，房屋上的冰棱、门窗上的冰花等也是不错的拍摄题材。另外，还可以通过表现树枝、房屋上的积雪或者在雪中依然坚强生存的花朵、小草等，来加强人们对冰雪的感受，如图 6-7 所示。

图 6-6 《冬日辽师》 摄影：孙代富

图 6-7 《雪满枝头》 摄影：鹿名联

一天当中的不同时间段也会拍摄出不同的画面效果，尤其是清晨和黄昏，图 6-8 和图 6-9 就是通过清晨和黄昏的景色来表现校园风光的独特韵味的。

图 6-8 《晨钟》 摄影:李程

图 6-9 《校园黄昏》 摄影:卢吉龙

（二）空间的表现

风景照片所摄的景物,要前后分明,有一定的深度,这样才能增加表现力。利用逆光可以加强空气透视,如图 6-10 所示,并可以从色调上分清前后景的距离。利用滤色镜,也可加强或减弱透视感。早晨或傍晚拍摄风光,可以利用云雾,使景物具有远淡近浓的透视效果,增加照片的空间感。

图 6-10 《07 桥》 摄影:曹政

（三）意境的表现

风景照片擅长以景抒情,它通过对自然景色的生动描绘,来表达或寄托人的思想感情。因此,风景照片一般都具有很深的意境,能引起人们的联想,如图 6-11 所示。

图 6-11 《校歌》 摄影:蒋国卫

(四) 焦点的调节

风光照片中虚掉的前景会使人产生不快的感觉,因此,拍摄时一般比较忌讳前景虚化。拍摄时应该对准主要被摄物调节焦点,同时尽量保证前景清楚。可以采用比较大的景深进行拍摄,但是过大的景深会使照片的意境减弱。为确保风景照片的意境,景物清晰度的范围要控制得当。比较好的做法是保证画面的主要被摄体和前景清晰,而使所有远处的物体稍微散焦。这样,画面的层次丰富,主次分明,意境较深。

(五) 曝光的控制

风景照片的曝光,应以主要被摄物为准。同时,风景阴影部分也必须保证一定的曝光量,因此,根据被摄主体确定曝光量后经常需要稍微增加一些,以便表现出阴影部分的细节。一般来说,剪影照片要根据景物亮的部分进行曝光。而对于深邃幽暗的景色,或者被逆光照明的风景,则应该根据景物的阴影部分曝光。

第二节 校园建筑摄影

一、校园建筑摄影的定义

校园建筑摄影是以校园内的建筑物为拍摄对象、用摄影语言来表现建筑的专题摄影。校园建筑摄影要体现校园的文化、校园的环境以及校园建筑的设计特点,好的校园建筑摄影,可以扩大校园对外宣传的影响力,展现多姿的校园美景。

二、校园建筑摄影技巧

(一) 选好拍摄点

建筑物多呈现不同的几何形状,从不同角度观察,其造型、透视及前景和背景等均会发生明显变化，拍摄建筑物时，必须自觉养成从各种角度和方位观察景物的习惯，这样才可能发现被摄体新的、有趣的一面。有时看上去很平淡无奇的建筑物，在改变角度和方位拍摄后，建筑物就会以新的面貌展现出来。

选择拍摄点不仅要考虑建筑物的表现和造型，还要考虑建筑物周围的环境，以及建筑物前景的取舍等。特别是在拍摄建筑物时，为了表现建筑物的空间感，常常需要选择一缕树叶、一个房角等作为所拍建筑物的前景，好的前景既能增加画面的空间立体感又能装饰画面，如图 6-12 所示。

图 6-12　《音乐楼》　摄影：石中军

知识卡片

如何选择拍摄点

在表现建筑群的整体形态及各建筑物之间相互位置关系时，常常选择高拍摄点，如俯拍建筑群全貌或校园全景等；低点的仰拍点可使建筑物的竖线向上汇聚，能够表现出建筑物的高大特征，同时也增加了建筑物的稳固感。正面拍摄建筑物有庄严、平稳的感觉，在建筑物正面特征明显，要求画面构图庄重、平稳时常常运用这种视角。但正面拍摄建筑物缺乏线条透视变化和面的变化，画面较为呆板。侧面拍摄时建筑物的横线条和竖线条都有明显的透视变化，而且能看到建筑物正面和侧面，有利于表现建筑物的各角度特征，突出建筑物的立体感，是拍摄建筑物最常用的拍摄点。

（二）光线的选择

不同的光线可使建筑物产生不同的造型效果。高位正面光适于表现建筑物正面的特征（如凉台、拱门、雕刻等），但不利于建筑物的整体造型；高位侧面光不仅能很好地表现建筑物表面特征，同时也能充分表现建筑物的立体感，是建筑摄影中最常用的光线，如图 6-13 所示；顶光照亮建筑物顶部，适于俯拍较大范围的建筑群，这种光线能把建筑群的层次区分出来。

图 6-13 《北山食府》 摄影:鹿名联

（三）利用好几何线条

建筑物流畅的外形线条是很好的摄影画面切入点。但拍摄建筑物，为了避免建筑物出现变形和倾斜的现象，在构图取景时一定要精心细致，尽量让建筑物的线条做到横平竖直。否则，拍出的建筑物就会出现倾斜不稳定的感觉。图 6-14 在展现建筑外形的同时，利用线条增加了画面的韵律感。

图 6-14 《旋律》 摄影:卢吉龙

拍摄建筑内部的线条，一般能烘托出建筑内部空间的宽大。通过仔细观察找到内部有规律的线条加以利用，往往能够拍出满意的作品。图 6-15 充分利用了建筑内的线条进行创作。

图 6-15 《聚》 摄影：卢吉龙

（四）利用灯光衬托

利用夜间的照明光线，如霓虹灯、大楼灯光、长曝光下车的光轨等来衬托建筑本身，可让画面的光线视觉元素更丰富。一般而言，拍摄这类作品，要注意曝光外，还应借助三脚架来固定拍摄，以避免影像的晃动。图 6-16 利用教学楼里的灯光，表现了夜晚同学们学习的情景。

图 6-16 《校园夜晚》 摄影：鹿名联

（五）另类创意的拍摄乐趣

中规中矩的建筑拍摄能够拍出精美的照片，但是尝试一下新鲜的拍摄手法往往会收到意想不到的效果。现在的摄影手法非常多，只要愿意尝试，HDR、移轴效果、全景拼接、鱼眼扭曲……都可以使用，这是一个激发创造的过程。图 6-17 就是鱼眼镜头拍摄的校园建筑。

图 6-17 《体育学院》 摄影:卢吉龙

知识卡片

什么是 HDR 摄影

HDR 是英文 High Dynamic Range(高动态范围)的缩写,这是一种后期处理技术。动态范围是指电信号最高和最低值的相对比值,反映在照片上就是高光区域和暗部区域可以显示出的细节,动态范围越大层次就越丰富。为了得到 HDR 的图片效果,前期需要拍摄一系列曝光值不同的照片,通过软件将它们合成一张高动态范围的照片。利用 HDR 技术,可以突破宽容度的限制,在大光比情况下,无论高光还是暗部都能够获得很好的层次效果。

第三节 校园运动会摄影

一、校园运动会摄影的定义

校园运动会是校园里每年一度的盛事,而以校园内运动会相关的内容作为拍摄题材的摄影就称之为校园运动会摄影,它属于体育摄影的一部分。通过摄影可以记录比赛的激烈、运动表现出的力量速度等,同时能给人美的享受。

二、校园运动会摄影的注意事项

(一) 器材的选择

拍摄校园运动会时,如果没有比较明确的拍摄需求可以选择焦段比较全的镜头,尼康 18－200mm 的镜头就是一个比较不错的选择。对于拍摄点和取景角度相对稳定的体育项目来说,使用三脚架或独脚架有助于提高影像质量;如果拍摄时需要不断移动,这时可以考虑使用独脚架。除了摄影器材以外,准备轻松的衣服、鞋子,能有多个口袋用来装电池、存储卡、镜头等的马甲也十分必要。

(二)拍摄位置的选择

在运动会摄影中,选择一个合理、恰当的拍摄点具有重要作用。一个合理的拍摄点对表现主题、抓住关键动作的瞬间会至关重要。选择拍摄点时要做好调查研究,要了解所拍运动项目的运动特点和规律,最好能了解运动员的典型动作是什么;要充分考虑到拍摄现场的光线效果和背景对主题的烘托;在选择拍摄点时,要寻找那些动作高潮经常出现的地方和一定能出现的地方。如篮球的投篮点、篮板下,足球的射门点、禁区内,跨栏跑的栏架上方等。选择位置时还要考虑自己的器材,选定的位置要与自己具备的镜头相适应。

(三)快门速度的确定

可以说快门速度控制好了运动会摄影就成功一半了。快门速度快,运动主体影像被"凝固",其优点是影像清晰,缺点是动感不足。"凝固"的动作影像往往擅长于表现动体的优美姿势,如图 6-18 所示。

图 6-18 《跃》 摄影:卢吉龙

快门速度慢,运动主体影像虚糊,优点是具有强烈的动感,缺点是对动作细节甚至面目表情表现不清。虚糊的动体影像往往擅长于表现高速运动的体育项目,能再现出快速运动的动体在我们跟前飞驰而过的情景,表现出强烈的动感。

想要拍摄快门速度适中,让动体影像虚实结合,既能表现出动体的面貌,又能表现出动感的照片难度比较大,往往具有较大的偶然性,因而就应该以"多拍"取胜,可以采用多种快门速度进行拍摄,从而提高成功率。

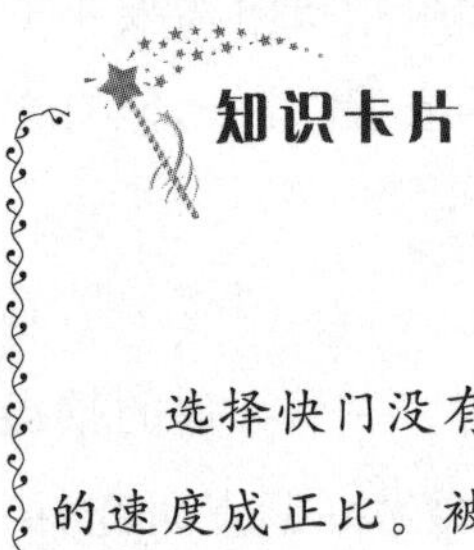

知识卡片

初学者如何确定快门速度

选择快门没有太多经验的拍摄者可以遵循以下原则：快门速度与动体运动的速度成正比。被拍摄对象的运动速度越快，所使用的快门速度也应越快；快门速度与被拍摄对象和镜头之间的距离成反比。距离越近快门速度越快，如果距离较远，快门速度应相对减慢；快门速度与镜头焦距长短成正比。使用的镜头焦距越长，快门速度应越快。

（四）焦点的处理

焦点的处理在体育摄影中是一门很难掌握的技巧，这是因为体育摄影的被摄对象都具有很强的动感，速度很快，没有时间去研究精确的对焦。建议在运动会摄影中采取追踪对焦，此时镜头会不断改变焦距，随时让竞赛者在取景框中保持清晰的影像。

拍体育照片时还有一种常用的对焦方法，那就是陷阱调焦，即当被摄体进入预定焦点时随即按下相机的快门。如用此方法来拍摄跳高运动员飞过横杆的动作就十分理想。拍摄时，可以先把焦点调在运动员可能越过横杆的某一点，然后把焦点锁定，最后视运动员飞越横杆时的情况按下快门，即可拍摄到清晰度很高的照片。

校园运动会摄影还需要事先判断时机，在遇见可拍摄的动态题材时，应一心一意地凝视它。在观察主体的动态时要同时判断“什么时机最好”“最好的动态会在哪一个阶段出现”。事先不做这样的判断，就抓不住重点。要眼明手快，机敏果断，尽可能熟悉体育运动的规律和各项运动的规则，以便掌握拍照时机，抓取精彩镜头。

三、校园不同体育项目摄影要领

（一）开幕式和闭幕式的拍摄

校园内的运动会基本都会有开幕式和闭幕式，开幕式的拍摄要体现喜庆热烈的场面，如图 6-19 所示。升旗仪式也十分值得拍摄，如图 6-20 所示。如果有团体类节目的表演要以大场面为主，采用高角度的俯拍往往会取得比较好的效果，如要表现整齐、广阔的场面，最好用广角镜头，拍摄时要精神集中，充分利用整体动作停顿的瞬间进行抓拍抢拍，这时产生的画面会给人整齐划一的感觉。

图 6-19　《方队》　摄影：郭勇建

图 6-20　《升起希望》　摄影：张晗

（二）赛跑

赛跑类的运动员运动速度较快，拍摄时要合理选择快门并且快速对焦，起跑是拍摄的一个好时机，此时可以选择低角度侧向拍摄，这个角度可以很好地表现运动员启动冲出时的力量感和速度感，注意不要让运动员前后重叠，发令枪声一响，运动员右腿冲出、左腿刚蹬离地面的瞬间是十分富有表现力的，如图 6-21 所示；跑的途中可以利用弯道展现运动员的队形，同时弧线可以美化画面；冲刺的时候比较紧张激烈，这时拍摄的画面容易震撼人心，和起跑一样可以采用侧面、偏低的角度来拍摄运动员。

接力跑传递接力棒的瞬间是拍摄时最值得抓取的，如图 6-22 所示；对于跨栏跑，富有表现力的瞬间则在运动员跨栏的瞬间，宜用低角度拍摄。表现跨栏运动员的激烈竞争宜在第一栏侧前方；表现优胜者则宜在最后一栏的侧前方；拍摄跨栏的动作时低角度拍摄也是一个很好的选择。

图 6-21　《起跑》　摄影：卢吉龙

图 6-22　《接力》　摄影：卢吉龙

（三）跳跃

跳跃运动主要有跳高、跳远等。对于跳高而言，运动员跃上横杆之际是跳高最富有表现力的拍摄瞬间，可用高角度拍摄运动员越过横杆，也可用低角度仰拍运动员腾空而起的优美身姿。拍摄背跃式跳高的拍摄点可选择在运动员起跑的同一侧，并用高角度拍出运动员过横杆时的脸部神态；对采用其他姿势跳高，拍摄点宜在横杆侧后方，并用低角度仰拍，强化运动员腾空而起。而跳远的最佳瞬间是运动员跳起腾空的动作，尤其是在刚刚腾起时，容易拍到姿态优美的照片，拍摄点位于正前方、侧前方均可。刚刚落地时的动作和溅起的沙花也值得拍摄。

（四）投掷类

投掷类主要包括铁饼、标枪和铅球，这类运动拍摄最好的时机都是处在投掷物快要出手的一瞬间，此外，投掷铁饼时运动员的转身、投掷标枪时运动员的助跑过程、投掷铅球时运动员弯腰屈体的瞬间也是值得拍摄的。

（五）球类

球类运动种类繁多，常见的有篮球、排球、足球、乒乓球等运动，我们要了解这些运动的规则，拍摄这些运动中最具特点的镜头。

篮球比赛的理想拍摄点是在场外离篮筐 6 米左右处。在这个位置拍摄具有篮球运动特点的投篮、切入、盖帽、争夺等动作都较有利。当准备抓取在篮筐上投篮、封盖等镜头时，可预先聚焦篮筐，以便全神贯注抓拍精彩瞬间。

排球运动的发球传球、扣球、拦网等动作，都具有排球运动的特点。扣球和拦网宜在距网 2～3 米的边外线，采用低角度仰拍，这样可强化运动员的腾空高度。但是如表现扣球为主时，拍摄点宜在防守运动员的场地边线外，如图 6-23 所示。如表现以拦网为主时，则宜在任何一方的场地边线外。

图 6-23 《深圳大运会女子排球赛》 摄影：孟永民

足球摄影较好的拍摄点应在球门两侧7米左右的位置上。进攻队员的射门动作、防守队员的阻拦以及守门员的扑救等，都是足球运动值得拍摄的瞬间。跟住足球往往能抓拍到很好的画面。

乒乓球运动员发球、接球、攻球、守球的瞬间都是能拍出理想画面的关键点。拍摄时注意捕捉运动员的技术特点和个性，不宜拍摄双方运动员的全幅画面，因为画面大部分被乒乓台占据，难以突出运动员。

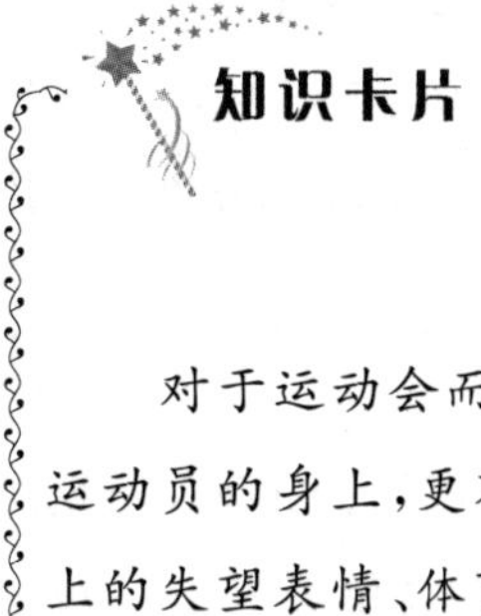

知识卡片

如何选择运动会的拍摄对象

对于运动会而言，运动员是最主要的拍摄对象，但不应只把拍摄对象局限在运动员的身上，更不应仅在运动员成功的那一刻。从摄影的角度来看，失败者脸上的失望表情、体育动作的夸张变形同样能够给人以感动和欢乐。赛前的准备活动、队友的鼓励，赛后的激动、痛苦、艰辛、庆祝等画面都值得我们关注；除此之外还有裁判员、观众、啦啦队、志愿者、医护人员、摄影者等各种身份的人，留心他们的工作和细节，同样可以拍摄出精彩的照片；除了人以外，还有很多景物值得拍摄，比如正在发射的发令枪、裁判员手中的小旗、计时器、起跑线上的助跑器等，当这些景物在一定的背景环境下或者排列出一定的形式，往往有意想不到的效果。

第四节　校园晚会节目摄影

一、校园晚会节目摄影的定义

校园晚会摄影就是在校园内，晚会进行中以及对舞台上的演员和主持人，舞台下的观众、工作人员等进行的拍摄，是对校园晚会的画面记录，以及，对校园晚会的各个值得记录的瞬间进行捕捉。

二、校园晚会节目摄影的拍摄要点

（一）拍摄前的准备工作

拍摄前对照相器材进行检查，准备好备用电池，保证存储卡有足够的空间，最好准备两个相机,一个配备广角镜头,一个配备中长焦镜头。如果用一个相机尽量使用焦段比较全的镜头,为了丰富画面效果还可适时选用一些辅助器材,如多影镜、星光镜、柔光镜等特殊效果的滤光镜。最好能提前一天到达拍摄现场,实地考察会场的大小、灯光情况、主宾位置、自己的拍摄位置等。

校园晚会一般都有彩排的过程,摄影师最好在彩排的过程中全程参与并进行试拍,在彩排的过程中对整个活动流程进行总体的规划,通过彩排确定拍哪些场面,在什么瞬间拍。在演出过程中临时寻找拍摄角度,一定来不及,预先选好拍摄角度,在所要求的瞬间出现之前,可站在理想的位置准备。通过观看演出或彩排,事先了解拍摄技术上的问题,做好准备。如舞台上的照明情况如何,演员动作速度的快慢,应该选用多长焦距的镜头等。

(二) 现场拍摄

注意动作和细节的抓拍,校园晚会节目摄影是一个记录精彩瞬间的过程,拍摄过程中要注意抓拍,许多精彩的画面都要求摄影者具有高度的注意力和观察力。每一个动作和细节错过了都不会再出现,图 6-24 通过抓拍定格了舞蹈演员的一个优美的舞姿。图 6-25 则是拍摄者通过独特的视角拍摄了演员离台时的一个背影。

图 6-24 《亮相》 摄影:石中军

图 6-25 《离台》 摄影:石中军

校园晚会节目摄影不仅仅应该注重舞台上的演员,更应该关注观众的表情,从而拍到特别独特的照片。图 6-26 通过观众的表情可以使人联想到台上的精彩表演以及现场热烈的气氛。

图 6-26 《热情高涨》 摄影:石中军

在拍摄过程中,应注意前景的选择,避免拍出单调无味的画面。舞台摄影容易产生单调的感觉,前景的运用会给摄影画面带来意想不到的效果。图 6-27 中前方的观众很好地交代了现场环境,同时让人们更加深刻地感受到节目热烈的气氛。合理使用现场的灯光以及烟雾也可以拍摄出很好的作品,图 6-28 利用现场的烟雾和较慢的快门速度很好地表现了舞者的动作,同时营造了朦胧的美感。

图 6-27 《台上台下》 摄影:石中军

图 6-28 《舞者》 摄影:卢吉龙

对于动作变化迅速的舞台表演,如舞蹈,可用高速快门将舞台动作清晰凝固,如图 6-29 所示;也可用慢速快门将舞台动作局部虚化,以表现动感,如图 6-30 所示。动作变化迅速的舞台表演也有动作暂时静止的亮相动作,这时也是抓拍的好时机。

图 6-29 《迎新晚会》 摄影:王超

图 6-30 《舞韵》 摄影:房梅

图 6-31 则是利用表演者和灯光的位置关系,拍摄出了逆光时类似剪影的画面效果,水袖在灯光下的色调又起到了增加画面美感的作用。

图 6-31 《伴舞》 摄影:卢吉龙

对于晚会摄影来讲要格外注意合理曝光,舞台的光线一般都比较暗弱、多变,同时反差比较大。而且由于演员一般处于运动状态,要想获得清晰的照片,最好选用大口径的镜头和适当的高感光度,但是一般 ISO800 以下的感光度就够了,过高的 ISO 会带来明显的噪点。无法全面记录舞台景物的情况下,要参照主体的亮度来曝光。

第五节 人像摄影

一、人像摄影的定义

人像摄影就是以人物为主要创作对象的摄影形式,是指在照片上用鲜明突出的形象描绘和表现人物相貌和神态的作品。

学生是校园里最生动的景象,如何拍摄出唯美的学生人像照片很值得我们探讨,下面我们介绍一下学生人像拍摄的技巧。

二、学生人像摄影技巧

（一）突出特征

学生，尤其是大学生，正处在活力四射的青春时期，他们朝气蓬勃、单纯天真、乐观向上，拍摄时要尽力展现他们青春向上的一面。他们的身份是学生，可以考虑拍摄他们背着书包去上课的情景，也可以拍摄他们在阳光下晨读的身影，甚至可以把拍摄场景选择在教室内。

（二）选择光线

拍摄人像时应尽量避免直射光，强烈的直射光使人睁不开眼睛，而且会在人的眼窝和鼻子周围形成很浓重的阴影，从而破坏画面。此时应该采取适当的补光措施，如果无法进行补光则需要调整拍摄角度。

在室外拍摄时，应尽量避开中午强烈的直射光，可以选择上午八点至十点，下午两点至五点之间进行拍摄，这两个时间段光线属于侧光位，光线角度理想，照度适中。光线可以使人脸部明朗、清晰、层次丰富，有利于表现人物的造型和质感，同时，光线比较分散柔和，拍出来的照片更加自然柔美，尤其拍摄女学生时可经常选用。在直射光的时间段进行拍摄可以采取遮挡回避的办法，如用雨伞挡光，在阴影处拍摄等。如图 6-32 和图 6-33 所示。

图 6-32 雨伞挡光 摄影：石中军

图 6-33 阴影处拍摄 摄影：石中军

（三）控制背景

杂乱的背景会破坏画面的美感，如果不是特意交代背景环境，可以通过控制景深的办法使背景虚化，这种做法能够有效地把人物和背景分离，突出主体。采用大光圈、长焦距，靠近被摄体是常用的办法，此时需要格外注意焦点的准确性，如果使用长焦镜头还需要注意镜头抖动对画面带来的影响。

（四）展示局部

局部的特写镜头具有超常规的视觉冲击力，在一个摄影艺术展览中，能表现摄影家崭新审美意象的特写，往往独具视觉吸引力。在一本精美的画册中，那些扣人心弦的特写镜头，也常使人们爱不释手，反复观赏。拍摄特写人像时需要仔细观察，选择合适的角度和取景范围，力争把被摄者最美的部分展现出来。

（五）注重姿态

想要拍摄生动的人像，被摄者的姿态、表情十分重要，神态轻松、自然饱满的情绪对人像作品的成功非常重要。很多人面对镜头常常会手足无措，表情漠然，不知道摆什么姿势好。此时，摄影者起到关键作用，拍摄前，应先与被摄对象随意交谈，从中观察并琢磨其表情动态和容貌特征，以便及时设计理想的表情；拍摄过程中，摄影者与被摄对象的相互交谈，既便于摄影者观察和思考，又可消除被摄对象的紧张情绪，从而找到生动的表情。对善于自我表现的被摄对象，还可采用导演式方法，促使其展现出最佳表情。

（六）运用色彩

摄影的世界充满了丰富和不断变化的色彩，色彩在摄影的艺术表现力中起到至关重要的作用。色彩运用，重点在于突出被摄者的形象特点和精神状态，学生青春动感，积极向上的形象特点应多选择活泼鲜艳的颜色，色彩运用得体既能吸引观众眼球又能更好地表现主体。

（七）借助前景

前景是摄影中一种不可忽视的因素，好的前景能起到装饰画面、突出主体、增加照片空间感和深度感的作用。因此，在摄影构图中，正确地利用前景可以使照片中的景物更加和谐统一，从而更富于艺术感染力。画框式前景是一种常见的拍摄方式，它利用前景物体作为边框，框住主体，这样既可以增加画面的立体感又可以美化图片。

（八）改变视角

拍摄角度包括拍摄高度、拍摄方向和拍摄距离。拍摄高度分为平拍、俯拍和仰拍三种。拍摄方向分为正面角度、侧面角度、斜侧角度、背面角度等。拍摄距离是决定景别的元素之一。我们拍摄人像一般都习惯于选择正面平视的角度，这个角度拍摄确实显得非常自然，为了使拍摄的作品更加多元化，我们可以不断尝试新鲜的视角进行创作，比如大角度的仰拍可以使人显得高大，让双腿显得更加修长；俯拍正面半身人像，扩大额部、缩小下巴，使人物产生脸形清瘦的成像效果。视角没有好坏之分，只要大胆尝试总能找到更加新鲜的画面效果。

（九）体现动感

体现动感是展现学生青春气息的有效手段，对于拥有一头长发的女生来说，让长发飘起来是一个不错的选择，可以用风扇将散开的秀发吹起，此时配合逆光拍摄能很好地体现动感，这样的作品能够很好地展示女生青春向上、个性张扬的特点，如图 6-34 所示。这种拍摄一般采用相对较高的快门速度进行抓拍。

图 6-34　《神采飞扬》　摄影：石中军

（十）创意动作

墨守成规的动作会使照片显得平淡，尝试新奇的动作进行拍摄会带来特殊的视觉感受，同时，这种创意对拍摄者和被摄者来说都会带来很多的创作乐趣。对于充满活力、敢于挑战的大学生来说摆几个别具一格的动作几乎是很轻松的事情。图 6-35 通过抓拍跳起的瞬间体现了动感的同时也展示了年轻人的特有活力。

图 6-35　《跳》　摄影：BlueFish

第六节　合影摄影

一、合影摄影的定义

合影摄影是人像摄影的分支，指两个或两个以上的人在一起拍摄所得的照片。合影也分为家庭合影、朋友合影、普通合影等，由于家庭合影、朋友合影等相对人数比较少，拍摄比较随意，比较容易控制，这里不做详细探讨。下面所说的合影特指人数较多、场面较大的拍摄情况。如人数较多的毕业合影、大型的会议合影等。

二、合影基本要求

一张好的集体合影应该达到以下要求。

第一，画面曝光适中，不会出现过度曝光和曝光不足的情况。

第二，画面中人员布局合理，画面充实又不显得拥挤，前后排无遮挡现象。

第三，画面清晰度高，同时保证最前排与最后排的人都清晰。没有前排头大、后排头小的透视变形。

第四，参与合影的人员表情轻松自然，并且没有闭眼睛的情况。

三、合影的拍摄要点

（一）前期准备

第一，积极和相关负责人进行沟通，确定拍摄时间、具体人数、最终需要照片的尺寸等细节问题。

第二，选择合适的镜头，尽量选择标准镜头，标准镜头的视角与人眼一致，用广角镜头拍集体照时会出现透视变形，容易造成前排人物头大后排人物头小的现象。因此，拍集体照不能使用广角镜头。如果使用变焦镜头拍集体照也应选择接近标准镜头的焦距段。

第三，准备三脚架和快门线，拍摄集体合影往往采用较小的光圈来获得较大的景深，这时快门速度较慢，为防止拍摄中出现“手震”，影响画面清晰度，因此在拍照中必须使用三脚架稳定照相机。使用快门线可以保证在拍摄时不必关注取景窗，并更好地观察被摄人员，及时进行沟通提醒。

第四，有条件的话配备一个喊话的喇叭，这样可以使组织过程省力很多，如果人员充裕的话可以带两个摄影助理帮助组织排队。

（二）现场拍摄

1．排队

根据需要的照片尺寸进行排队，如果需要的照片较长，队形相对也要长一点，如果没有尺寸要求排数尽量要少。因为镜头的成像范围最清楚的部分只有焦平面，其他的部分只能靠景深来实现了，而景深的特点是离焦平面越近的范围越清晰。所以，尽可能少的排数可以获得尽可能大的清晰度。拍大型集体合影时，很多时候都要使用专用的合影架，没有合影架可以用桌椅，一般是第一排坐凳子，第二排站地面，第三排站凳子，第四排站桌子，如果人还多，前面可蹲一排。如果利用台阶照集体合影，站队排列时必须隔一级台阶站，这样才能避免前排遮挡后排。

2．选择光圈和快门速度

集体合影的特点是：人物是静止的且纵深大。要获得较大的景深，一般得使用小光圈和较慢的快门速度。两排人的合影宜用 f/5.6～f/8 光圈；三排人合影时宜用 f/8～f/11 光圈；四排人以上合影时宜用 f/11～f/16 光圈。但是快门速度最好不低于 1/60 秒，这样可避免个别人在拍摄中晃动导致虚化。在光线较差的情况下，为了保证有足够的景深和相对快的快门速度，可以适当增加感光度，但是感光度最好不要超过 800。这里需要提醒的是，如果拍摄穿深色学位服的毕业照，由于测光面对的是大面积的深色的学位服，因此，为了使人面部得到合适的曝光需要进行曝光补偿，一般减少一到两档。

3．选择光线

拍摄合影最佳的时间是阴天拍摄，因为阴天的光线相对比较柔和，不会给人脸造成很大的阴影。如果在晴天下拍摄，最好不要顺光拍摄，因为太阳的直接照射会使很多人都睁不开眼睛，人的面部表情很不自然，从而破坏画面的美感。拍摄军训照时，在强光下最好不要戴帽子拍摄，与军训服匹配的帽子都带有帽檐，强光下帽檐会把脸部遮挡在阴影当中，从而造成曝光不足。

4．选择焦点

根据后景深大于前景深的特点，镜头应聚焦在整个队列纵深的前三分之一处。例如，若共五排人，应将焦点对在第二排的中间人物上，这样可更有效地利用前景深和后景深，拍出前后均清晰的集体合影。对于两三排的合影照对焦第一排即可，因为一般第一排就座的都是最重要的人物，应该保证焦点落在他们的身上。

5. 合理构图

集体合影的构图布局要求上宽下窄,上面多留空间便于后期在上面加字,左右略留有余地而尽量充满画面。

6. 开始拍摄

拍摄之前举手示意,提醒大家注意力集中,以免出现闭眼或晃动。同时喊一二三提醒。采用连拍模式,一般拍摄两到三次即可,拍摄太少容易有闭眼睛的不好处理,太多会让参与拍照的人感到很反感,同时照片太多会增加后期选片的工作量。

(三) 后期处理

合影拍摄完成之后需要根据冲洗尺寸处理图片,冲洗的大合影一般宽度以 8 寸和 10 寸居多,长度则根据人数以及队形来确定,但一般都选择偶数,如 18 寸、20 寸、22 寸等,这样的尺寸比较规整,如果照片需要塑封可以在市场上买到与之匹配的塑封膜。除了尺寸外还需要对锐度、颜色、曝光等进行调整使之达到最佳。如果有闭眼睛的一定要通过连拍中其他图片进行修正。有的合影还要加上名单,一般加在图片的下方或者右侧,加名单的时候字要对齐,两个字的人名中要加空格使之与三个字的人名对齐,达到整齐美观的效果。图 6-36 是一张 8×20 寸加名单的毕业合影。

图 6-36 《毕业合影》 摄影制作:石中军

拼接大合影

拍摄人数较多、照片尺寸比较大的合影，为了保证画面的清晰度，一般采用拼接的方法，也就是分几次拍摄，然后后期进行拼接合成。

拍摄拼接大合影时应该注意以下几点。

1. 队伍排列

队伍排列不宜过多，最好控制在6排以内，如果人数较多，那么最好以相机为圆心，呈弧形排列队伍，这样就能有效避免变形，极大降低拼接时的难度。

2. 拍摄

在空间不受限的情况下，拍摄距离不宜过近，拍摄距离不能低于队伍的宽度。拍摄时必须使用三脚架，并要固定机位，然后旋转相机拍摄，每次拍摄时旋转的角度尽量保持一致，相邻的两张照片一定要有重叠部分；在正式拍摄前要拍摄一张全景的画面，作为后期合成时的参考。

3. 相机参数设置

拍摄时使用手动模式，这样才能确保每张照片的曝光一致。为了保证良好的画质，在满足景深的前提下使用镜头的最佳光圈拍摄。光照条件理想的情况下使用较低感光度。

4. 后期制作

后期制作可选用的软件非常多，但最常用的还是Photoshop，Photoshop中内置的Photomerge功能非常强大，简单实用，Photoshop CS5以上的版本合成效果非常完美。

第七节　夜景摄影

一、夜景摄影的定义

夜景摄影主要是指在夜间拍摄室外灯光或自然光下的景物。夜景摄影主要是利用被摄景物和周围环境本身原有的灯光、火光、月光等作主要光源，以自然景物和建筑物以及人物活动所构成的画面进行拍摄。

二、夜景摄影技巧

（一）器材的准备

1. 三脚架

三脚架是拍摄夜景不可缺少的辅助工具，夜景拍摄一般需要很低的快门速度，有时还需要长时间曝光和多次曝光，这时相机一些微小的抖动都会造成拍摄的失败，要稳定相机，最好的办法是把相机固定在三脚架上。拍摄夜景的三脚架应尽量选择高大结实，比较重的，因为这样的三脚架才能保证在拍摄时不会晃动，可以减少室外拍摄时风带来的影响。

2. 相机

夜景拍摄对相机的要求相对较高，一般的全自动简易相机是较难拍夜景的，因为它没有延时曝光装置。因此，选择相机时应尽量选择高像素的单反相机，这些相机都装有“B门”或“T门”，使用“B门”或“T门”可以更好地进行夜景拍摄。

3. 快门线和镜头盖

在一般情况下，夜景摄影曝光时间较长，如用手指按动快门按钮，稍有震动，就会造成影像重迭。因此，快门线与镜头盖是夜景摄影不可缺少的器材，凡曝光数秒钟的，可使用快门线，感光时间更长的，或多次曝光的，使用镜头盖比较方便。

4. 闪光灯

夜景摄影中，有时候我们需要给前景补光。最常见的情景就是拍摄夜景人像，这种对人像进行补光的拍摄多选用闪光灯，专业的夜景拍摄人像时大多都携带专业的外拍灯，而不是仅使用机身的闪光灯。

5. 其他器材

夜景拍摄还需准备一些其他器材，如手电筒、遮光罩。手电筒可用在照明测定距离，拨动快门、光圈或寻找零件时候。如拍摄夜景时，遇到雨天或光线杂乱时，戴上遮光罩，可使镜头不受潮湿和避免光射入镜头内。拍摄天体运动时还需要有指南针，它能准确判断北极星和日出方向。

（二）相机的设置

1. 正确选择拍摄模式

不要盲目地使用相机的夜景模式，夜景模式适合拍摄散的点光源、照射面积较小、纵深式光源的夜景留念照片。平行光源或是平行的泛光灯，且光源在10米之内，用普通模式就能拍出较为理想的夜景照片。如果有后期制作经验，采用后期合成，效果比直接拍摄好。

2. 感光度的设定

提高数码相机的感光度可提升照片的亮度，但会造成照片产生噪点。因此应该慎重使用这项功能，夜景拍摄一般不要使用太高的感光度，最好控制在200以下，可以通过放慢快门速度来控制曝光。如使用高感光度，设置“高ISO降噪”为“高”。

3. 光圈的选择

拍摄夜景，要特别注意运用光圈，因为它影响景物的清晰度。有些夜景，由于光线十分暗淡，拍摄距离无法精确确定，因此，常常用缩小光圈、增加景深范围的办法来应对，但此时曝光时间要相应延长。拍摄夜景，常用的光圈为f/5.6或f/8。有些景物的位置比较固定，光线变化也不大，那么光圈可以适当再小一些。

（三）实际拍摄

1. 长时间曝光

夜景拍摄可以使用相机的“B门”或“T门”进行拍摄，“B门”或“T门”是一种能够进行长时间曝光的功能，利用该功能能够获得长达几秒、几分钟甚至几小时的曝光，是天体摄影、烟花夜景拍摄必备的一种快门功能。图6-37使用B门拍摄了旋转的摩天轮。

图6-37　《转》　摄影：戚凤亮

知识卡片

B门和T门的区别

B门也称为手控快门，是指按下快门时，快门打开，开始曝光，松开快门，快门关闭即停止曝光。T门则是按下快门按钮快门打开，开始曝光，而且快门持续打开，直至再次按下按钮时快门关闭即停止曝光。B门与T门在功能上比较接近，由于T门无需一直按住快门按钮，即可使快门持续打开，因此T门比B门使用方便一些。

2. 用好三脚架

到达拍摄地后,先确认周围环境是否安全,选择一个能让三脚架平稳安放的位置。为了防止三脚架倾倒导致相机损坏,应该先将三脚架安放好以后再装上相机。

3. 曝光量的控制

夜景摄影经常需要使用手动档长时间曝光进行拍摄,此时如果光圈和曝光时间参数未能达到最佳匹配状态,就会造成曝光不足或者曝光过度。此时,快门的时间是靠估计的,没有明确的规定,只有不断地积累经验,才能根据拍摄环境有效掌握快门的时间。初期只能多拍几张进行测试,根据结果选择合适的快门速度。以拍摄星空轨迹为例(图 6-38),在晴朗的夜晚,ISO 为 100 的情况下,光圈使用 f/2.8 约曝光 40 分钟比较合适,光圈使用 f/4 曝光时间约 1 小时,光圈使用 f/5.6 曝光时间约 2 小时,光圈使用 f/8 曝光时间约 4 小时,光圈使用 f/11 曝光时间约 8 小时。

图 6-38 《紫禁城星夜》 摄影:虞骏

4. 掌握时机

在日落半小时内进行夜景拍摄是一个不错的选择,这个时间段内天空还有一些余晖,建筑物的轮廓依稀可见。此时,可以把相机的白平衡设置成“钨丝灯”模式,通过这种白平衡的设置可以表现出天空迷人的蓝色,如图 6-39 所示。

图 6-39 《海上天桥》 摄影:尹娜

5. 选择位置

位置的选择对拍摄一张夜景照片来讲十分重要,位置选择主要根据自己拍摄的题材确定,如果想拍摄一个城市的全景,选择一个制高点十分必要;拍摄烟花选择视野宽广,有利于配合镜头进行抓拍的位置则很合适;拍摄车流线条,选择高点俯瞰一条线条优美的马路则是明智的选择,如图 6-40 所示。

6. 创意光绘

利用拍摄环境中的光线进行光绘摄影是一件很有趣的事情,这种摄影往往可以创造出很多意外的效果,图 6-41 将古城的灯光描绘出光影,再现了古城的雄姿和灯红酒绿的历史面貌。有时进行光绘摄影时,被摄者可以手持一个光源,该光源可以是一只小手电筒,甚至可以是屏幕点亮的手机。

图 6-40　《都市之夜》　摄影:鹿名联

图 6-41　《光绘平遥》　摄影:张为民

第八节　微距摄影

一、微距摄影的定义

微距摄影是指在较近距离以大倍率进行的拍摄,通过相机拍摄 1∶1 或更大影像比的摄影。微距摄影是用来拍摄较小对象或者较大对象的某一小区域,即某个细节的。

二、微距摄影的拍摄技巧

(一) 准备

进行微距摄影时,相机震动、聚焦不当或不准确等都会对成像效果造成影响。微距摄影中，景深较小。为了展现物体的细节多采用小光圈。光圈小，快门就慢，准备三脚架和快门线十分必要。

为了更好地实现微距拍摄的画面效果，除了使用微距模式之外，一支专业的微距镜头也同样重要。

（二）设置

大多数数码相机都有微距模式，在这个模式下拍摄者可以更接近物体拍摄。卡片机使用微距模式时，应使用 LCD 取景，特别是相机和物体之间的距离小于 20cm 时，不要使用光学取景器，因为拍摄距离越近，其视差越明显。单反机有反光板预升功能的可以考虑使用。应合理确定拍摄距离，微距并不是无限制地靠近被摄体，注意照相机和物体之间的距离必须在规定的范围之内，否则无法准确对焦。

（三）背景

微距拍摄时可以人为地加上背景，这样能让主体更突出。一般可以选择中性灰色的纸作为背景，使用灰色可以让曝光更准确，还能让背景显得很淡，这种色彩和任何色彩都可以搭配。也可以使用白色或黑背景，不过曝光时就要特别注意，因为它们很容易导致曝光不准确。如果不能人为加上背景，可以根据现场环境选择色彩单一、干净整洁的背景进行拍摄。图 6-42 采用单色的背景以及逆光剪影的方式使画面取得了很好的效果。

图 6-42 《螳螂》 摄影：Nadav Bagim

（四）构图

微距摄影时，构图十分重要，进行微距摄影要使主体尽量充满整个画面；背景应当简洁。要想让照片的构图趋于完美，不妨围绕被摄体上多转转，且尝试不同的拍摄角度。图 6-43 采用了对角线构图的方式进行了拍摄。

图 6-43　《芯相依》　摄影:李娜

（五）焦点

微距拍摄时由于镜头距目标很近,所以景深一般都很小,因此找准焦点对微距摄影十分重要。在进行微距摄影时尽量不要使用自动对焦,此时相机的自动对焦系统经常会出现误差。使用手动对焦可以更灵活准确地控制镜头下的细小事物,为了避免相机抖动带来的影响最好使用三脚架,拍摄的时候最好使用快门线,同时匹配一个更快的快门速度。拍摄动物时,除要控制好焦点外,还需要掌握曝光时机。图 6-44 拍摄动物时很好地控制了焦点的位置。

图 6-44　《螃蟹》　摄影:Sebastien Del Grosso

（六）光线

晴天时采用逆光拍摄是微距摄影一个很好的选择,同时,通过合理补光,逆光角度也通常能降低顺光下的大反差,得到我们想要的光影效果。在条件允许的情况下,反光板补光是最合适的,能有效保持当时的环境气氛,但大多数情况下也会选择闪光灯补光,使用闪光灯时由于距离被摄体很近,应当注意控制曝光量,避免曝光过度的问题。阴天散射光比较柔和,非常适合表现质感和细节,同时能够拍摄出柔和的背景。

（七）曝光

微距摄影的曝光与普通拍摄有少许不同之处。微距拍摄的对象一般都很小，测光系统容易出现误差，这时就要用曝光补偿进行调整。如果背景太暗，就减少曝光，如果太亮就增加曝光。也可以采用包围曝光以获取最好的曝光效果。

（八）创意

微距摄影让人有很大的创作空间，摄影者可以发挥自己的想象进行各种新鲜的拍摄尝试，尤其在拍摄植物的时候，拍摄者有足够的时间去经营一张完美的照片，可以采用各种方法，使用各种道具。图 6-45 隔着玻璃进行了花朵的微距拍摄，大胆的创意使画面与众不同。

图 6-45 《花朵》 摄影：Makushina Tatyana

第九节 旅游摄影

一、旅游摄影的定义

旅游摄影就是指在旅游过程中产生的摄影，类似于纪实类的摄影，主要目的是记载外出旅游沿途的风光，在以人物为前提的基础上，把人与景物结合到一起，也就是用摄影记录旅行的过程，记录旅途中的风光，途中所发生的不寻常的事，见到的不寻常的人。

二、旅游摄影的技巧

（一）准备工作

1. 选择摄影器材。

使用什么样的照相机，取决于拍摄要求与目的。如果在画质上要求较高，又是摄影爱好者，可以选择单反相机和成套的镜头，如果只是家庭旅游记录用，微单是很好的选择。此外，出发前需将电池充满，准备多张存储卡、三脚架、偏振镜等。

2. 提前查阅沿途和目的地的相关资料

一般来说，像《旅游指南》、网络旅游攻略、旅游地图等都是很有参考价值的，要充分了解当地的风土人情及地理情况和气候特征。出发之前最好还要关注一下目的地一周的天气状况，以便提前做好相关行程安排。

（二）途中拍摄

1. 人物的拍摄

（1）注意人景并重。

旅游摄影的目的，主要是记录旅游者在游览时的所见、所闻、所历、所感。旅游的这种异地性特点，使得旅游摄影成为一种既重景物又重人物，介于人物摄影与风光摄影之间的摄影形式，它要求人景兼顾，各有体现。图 6-46 中人物形象生动自然，景物具有较强的美感和地方特征，人物和风景得到完美而又融洽的结合，获得情景交融、互相映衬的艺术效果。

图 6-46 《宽窄烟雨》 摄影：李荣伟

（2）注意抓拍摆拍结合。

旅游是一种极富乐趣的观光娱乐活动，旅游摄影是旅游活动的忠实记录。因此，画面是否生动自然，有无浓厚的生活气息，往往是一幅旅游照片成败的关键。在旅游摄影中，除了用摆拍的手法拍一些“到此一游”的纪念照外，还不妨采用抓拍的手法，不加干涉地拍摄一些诸如行路、野餐、娱乐、爬山、涉水、交谈，以及互相帮助等独特生动的旅游生活场面，反映丰富多彩的旅游生活。这种照片，即使经过若干年，仍能帮助人们回忆起照片中人物的音容笑貌，唤起对昔日美好的旅游生活的记忆。

（3）注意抓拍沿途人物。

对于旅游摄影来讲，路途过程中所遇到的人和事非常值得记录，此时可以选用程序自动模式(P档)、用快门优先随时准备拍摄。如图6-47所示，老人、儿童、身穿具有民族特色服饰的当地居民都是很好的拍摄对象。拍摄人物时与被摄者的沟通要讲究技巧，如果被摄者不喜欢被拍，就不能强求，尊重被摄者是一定要做到的。

图6-47 《欢乐裙摆舞》 摄影:张鹤岩

2. 特色建筑物的拍摄

拍摄沿途特色建筑时要注意光线及建筑物的色彩捕捉，特色古民居、标地性建筑物、造型独特的建筑或雕塑都是取景的不错选择，拍摄建筑光线很重要，利用光影创造出建筑物的影调是很好的表现手法。图6-48拍摄了旅游过程中所见到的特色民居；图6-49则很好地利用光影效果展示了古建筑的辉煌和年代感。

图6-48 《乡村光影》 摄影:蔡圣相

图6-49 《夕照太和门》 摄影:陈明戈

3. 特色民俗活动的拍摄

在民俗活动拍摄过程中，要充分反映民族特点，需要注意的是拍摄这类作品要尊重当地民俗民风及少数民族的宗教信仰，了解和熟悉当地的风俗习惯，避免触及禁忌。图 6-50 摄了极具生活气息的民俗场景；图 6-51 拍摄了中国广西融水的斗马盛事，很有视觉冲击力。

图 6-50　《游龙闹端午》　摄影：蓝建民

图 6-51　《斗马》　摄影：Ngai-bun Wong

4. 风光的拍摄

（1）山

山在自然景观中是最富有变化的，在拍摄中也是最富有挑战性的拍摄题材。拍摄连绵不断的山脉一般都采用广角拍摄横幅俯拍的画面，这样可以更好地表现出拍摄对象宏伟壮观的气势，使画面有较大空间感。要表现一个山峰的高耸险峻则可以采用竖幅仰拍的手法。图 6-52 通过横幅小角度的俯拍表现了绵延不断的山脉形态。

图 6-52　《群山》　摄影：Martin Rak

拍摄山时多采用侧光，因为侧光照明时，山体有阴有阳，明暗反差较强，通过阴面山体的陪衬，处在阳面的山体就显得尤为突出。拍摄山川还可以考虑合理使用前景，增加画面美感，图 6-53 利用樱花作为前景拍摄富士山顶，日本的两大特色景致相互交融。

图 6-53 《富士山》 摄影:钟也

(2) 水

拍摄流水题材的作品,主要是控制好快门速度,采用高速快门可以凝固流水,采用低速快门可以虚化流水,动感更强,而且会有丝绸般的质感,如图 6-54 所示。拍摄静止的水时,如湖泊和流动缓慢的河流等,主要考虑的则是构图和倒影等。

图 6-54 《高山流水》 摄影:Gary McParland

(3) 夜景

夜景拍摄也是旅游摄影不可或缺的一部分,拍摄夜景时一般不开闪光灯。夜景拍摄快门速度较低,有条件要使用三脚架和快门线,更多的夜景拍摄技巧可以参考本章的第八节。图 6-55 拍摄的是大连发现王国的夜景。

图 6-55 《发现王国》 摄影:张星元

(4) 沿途拍摄

路途中的所见所闻都是我们拍摄的对象。乘坐轮船时可以拍摄烟波浩渺的大海,争相捕食的海鸥;乘坐飞机时可以拍摄洁白无边的白云,俯拍城市全景以及山川河流等。这些特别的画面往往能够给人带来很好的视觉享受及美好的回忆。图 6-56 为在飞机上面拍摄的云海,既记录了交通工具又拍摄了别具视角的美景。

图 6-56 《翱翔》 摄影:张星元

思考与练习

1. 如何进行校园风光摄影?
2. 进行学生人像摄影有哪些技巧?
3. 如何进行校园体育运动摄影?
4. 校园建筑摄影有哪些技巧?
5. 微距摄影应注意哪些事项?
6. 拍摄毕业合影应注意哪些事项?

第七章　数码图片后期处理

学习目标

1. 熟悉常见图片后期处理软件
2. 掌握常见图片后期处理软件的基本操作
3. 熟悉不同图片后期处理软件的优势

不管是过去的暗房时代还是当今的数字时代，精心的后期处理对一幅成功的摄影作品来说十分重要。处理前与处理后的摄影作品不论从艺术角度还是观赏价值等各方面都有很大的不同。经过精心处理的摄影作品，比处理前的摄影作品有更强的视觉冲击力和艺术观赏价值，给观赏者以全新的视觉感受。事实上，欧美国家的数码摄影作品，包括以最严谨、最保守著称的《国家地理》的照片，基本都是经过后期精心处理的。如今，图片的后期处理已经成了摄影工作的一部分。本章将简单介绍几款常见的后期图片处理软件。

第一节　Photoshop

一、Photoshop 简介

Adobe Photoshop，简称“PS”，是由 Adobe Systems 开发和发行的图像处理软件。Photoshop 无疑是世界顶尖级的图像设计与制作工具软件，是目前使用最广泛的图像处理软件之一，深受专业人士喜爱。Photoshop 主要处理以像素所构成的数字图像，使用其众多的编修与绘图工具，可以有效地进行图片编辑工作。Photoshop 在图像、图形、文字、视频、出版等各方面都有涉及。

2003 年，Adobe Photoshop 8 被更名为 Adobe Photoshop CS。2013 年 7 月，Adobe 公司推出了新版本 Photoshop CC，自此，Photoshop CS6 作为 Adobe CS 系列的最后一个版本被新的 CC 系列取代。

二、Photoshop 使用案例

（一）矫正和裁切图片

经过矫正和裁切的图片对比效果如图 7-1 和 7-2 所示。

图 7-1　调整前

图 7-2　调整后

1. 在 Photoshop 中打开需要处理的照片，如图 7-1 所示。
2. 在菜单栏中选择“图像”→“图像旋转”→“任意角度”，如图 7-3 所示。

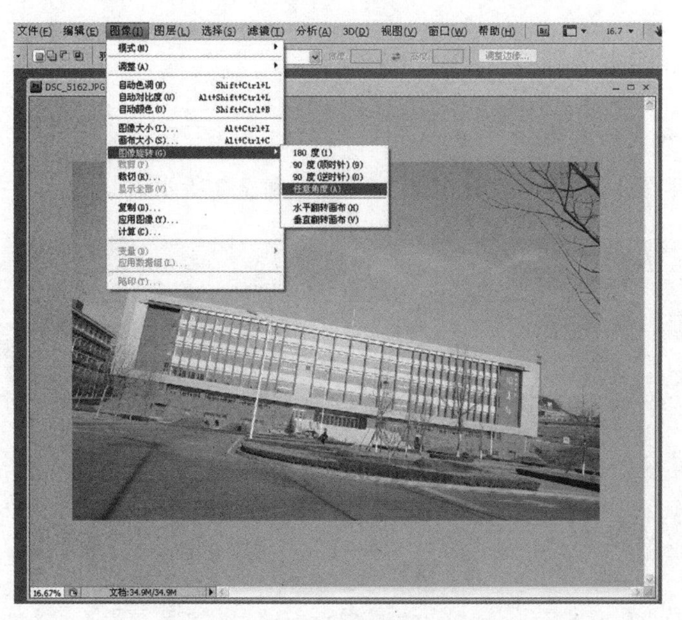

图 7-3　旋转图片

在“任意角度”对话框中选择“逆时针旋转”,旋转角度为 8。

3. 在工具箱中选择裁切工具对图像进行裁切,如图 7-4 所示,选择好裁切内容之后按回车键确定。

图 7-4　裁切图片

4. 按“Ctrl+J”组合键,复制图层,然后,在菜单栏中选择“编辑”→“自由变换”。在图像上单击鼠标右键,选择“透视”,如图 7-5 所示。

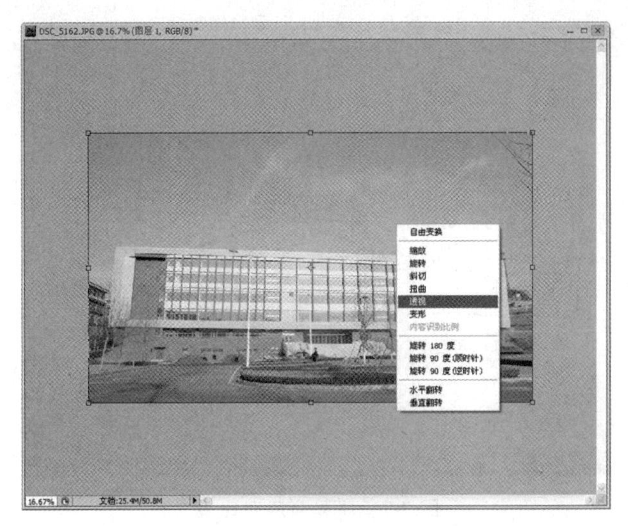

图 7-5 选择透视

5. 将鼠标移动到左上角或者右上角的调整点上拖动鼠标，改变画面效果，如图 7-6 所示。

图 7-6 改变透视效果

6. 调整结束后按回车键确定，得到图片最终效果，如图 7-2 所示。

7. 保存图片。

(二) 调整亮度和对比度

1. 打开需要调整的照片，选择菜单栏中的“图像”→“调整”→“亮度/对比度”选项，出现如图 7-7 所示对话框。

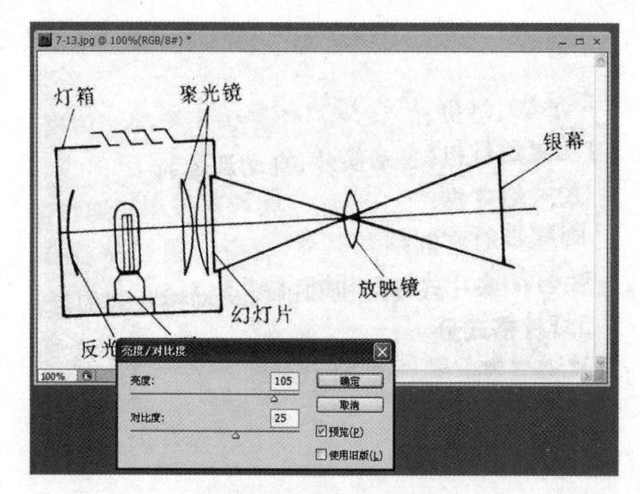

图 7-7　调整亮度对比度

2. 调整亮度和对比度数值，直到达到满意的图像效果为止，此案例亮度调整为105，对比度调整为25。调整前后的图像对比如图7-8和图7-9所示。

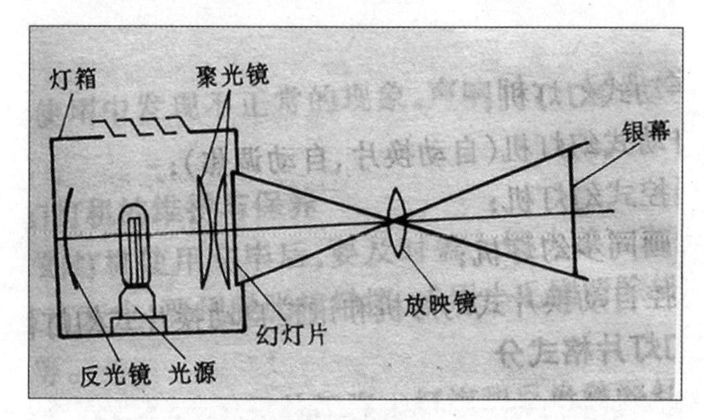

图 7-8　调整前

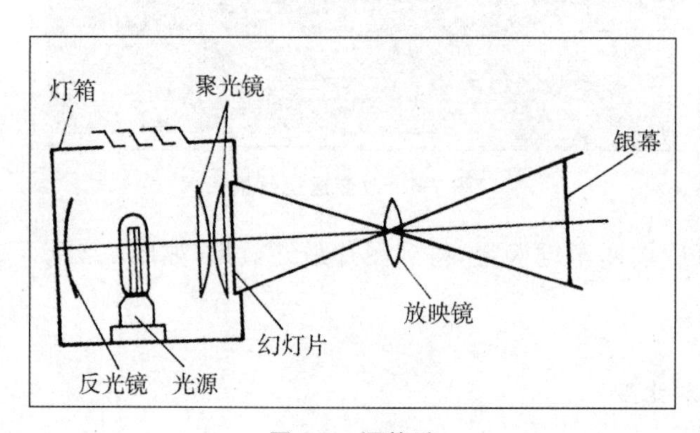

图 7-9　调整后

3. 保存处理好的图片。

(三) 去除面部污点

面部的污点通过 Photoshop 可以很轻松地去除,对比效果如图 7-10 和图 7-11 所示。

图 7-10 处理前

图 7-11 处理后

1. 打开需要处理的图片,如图 7-10 所示。

2. 拖动导航器下方的缩放滑块,放大需要处理的图片局部,这样可以准确精细地处理,如图 7-12 所示。

3. 在工具箱中选择"修补"工具,如图 7-13 所示。

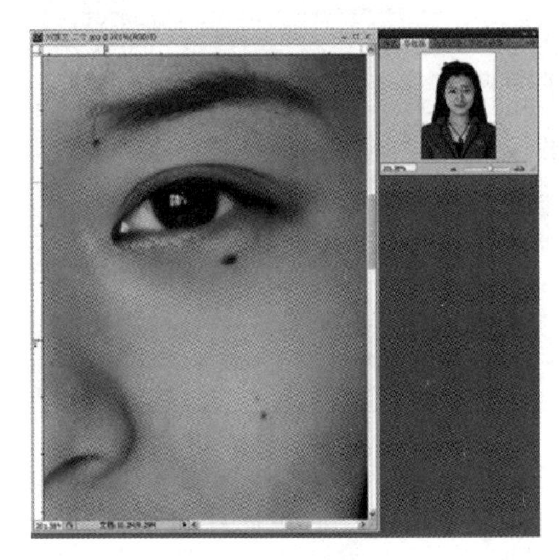

图 7-12 放大局部

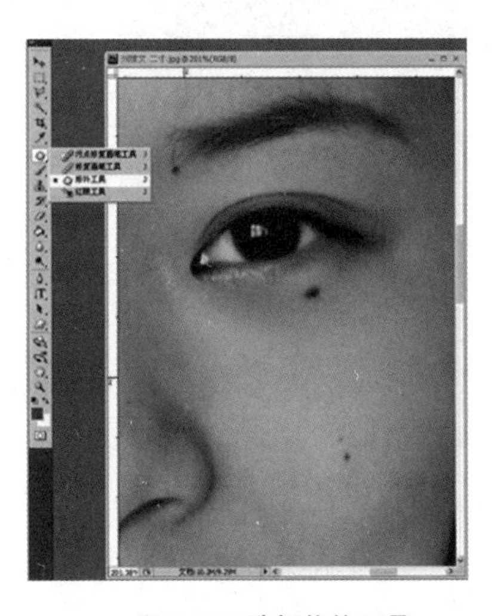

图 7-13 选择修补工具

4. 用“修补”工具圈中需要去除的污点，如图 7-14 所示，然后向污点周围相近的皮肤处拖动鼠标，污点将会被修补。

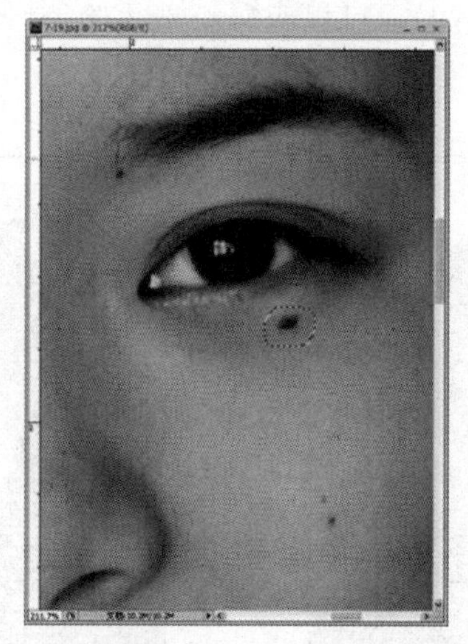

图 7-14　进行修补

5. 重复以上动作直到每个污点都修补完成，然后保存图片。

(四) 添加边框和文字

1. 打开需要处理的照片，如图 7-15 所示。

2. 按“Ctrl＋J”组合键，复制图层，如图 7-16 所示。

图 7-15　打开图片

图 7-16　复制图层

3. 把背景色改为白色，前景色为黑色。背景色的颜色决定照片边框的颜色，可以根据实际需要进行设定。

4. 在工具箱中选择裁切工具 ,通过导航器缩小图片显示比例,用裁切工具在照片的外围拉选出选区,选区的选取范围决定相框的大小,如图 7-17 所示。

5. 选好后,按回车键确认,得到图片如图 7-18 所示。

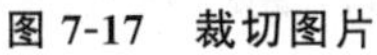

图 7-17　裁切图片

图 7-18　完成裁切

6. 在图层 1 上单击鼠标右键,选择“混合选项”,如图 7-19 所示。

7. 点击左下角的描边工具,位置选择“外部”,描边颜色可以任意换,也可以用吸管吸图片上的颜色,这里选择黑色,如图 7-20 所示。

图 7-19　选择混合选项

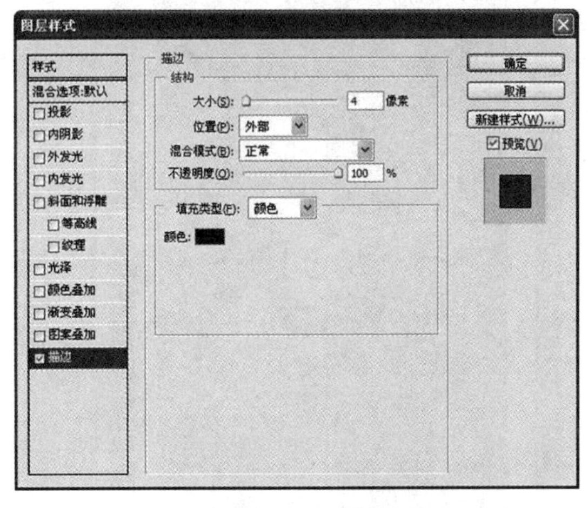

图 7-20　描边

8. 按“Ctrl＋Alt＋Shift＋E”组合键,盖印图层,再次选择“混合选项”进行描边,此次描边位置选择为“内部”,如图 7-21 所示。描边大小是指线条的粗细,可以根据照片像素大小任意调节。

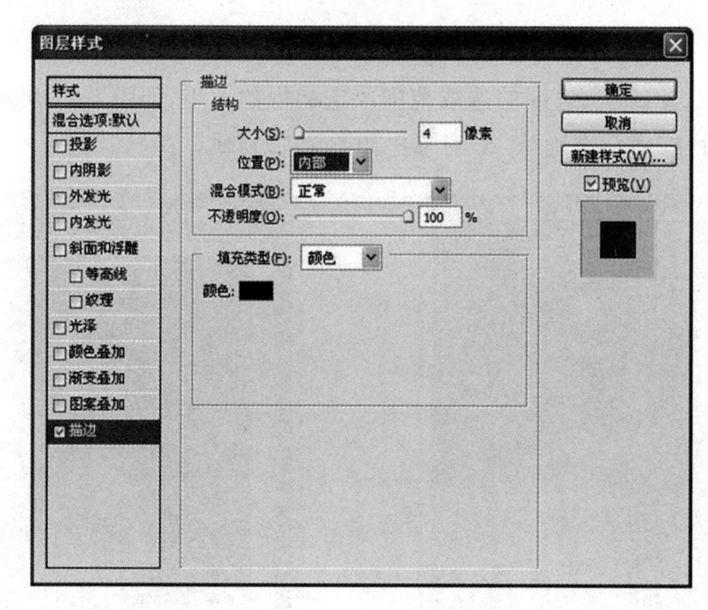

图 7-21　设置描边

9. 描边完成后得到的图片效果如图 7-22 所示。

10. 选择文字工具 T ,添加横排文字,在合适的位置输入文字,设定字体和字号得到图片,如图 7-23 所示。

图 7-22　完成描边

图 7-23　输入文字

11. 保存图片。

知识卡片

如何利用 Photoshop 处理 RAW 格式图片

RAW 图像就是 CMOS 或者 CCD 将捕捉到的光源信号转化为数字信号的原始数据。RAW 是未经处理也未经压缩的格式，我们可以把 RAW 理解为“原始图像编码数据”或更形象地将其称为“数字底片”。但 Photoshop 不支持 RAW 格式图片，如果想利用 Photoshop 对 RAW 格式图片进行处理，可以安装 Camera? Raw 插件，如果想更专业地对 RAW 格式图片进行处理，可以选用 Adobe? Photoshop? Lightroom，简称 LR。

第二节 光影魔术手

一、光影魔术手简介

光影魔术手是一款针对图像画质进行改善提升及效果处理的软件，其简单、易用，不需要任何专业的图像技术，就可以制作出专业胶片摄影的色彩效果，能够满足绝大部分照片后期处理的需要，且其批量处理功能非常强大，是摄影作品后期处理、图片快速美容、数码照片冲印整理时必备的图像处理软件。

二、光影魔术手使用案例

（一）证件照排版

1. 打开光影魔术手，然后点击上方的浏览图片，打开需要进行证件照排版的照片，如图 7-24 所示。

图 7-24　打开图片

2. 点击工具栏上的“裁剪”，根据需要对照片进行裁剪，这里以一寸照片为例，选择“按照标准 1 寸/1R 裁剪”，如图 7-25 所示。

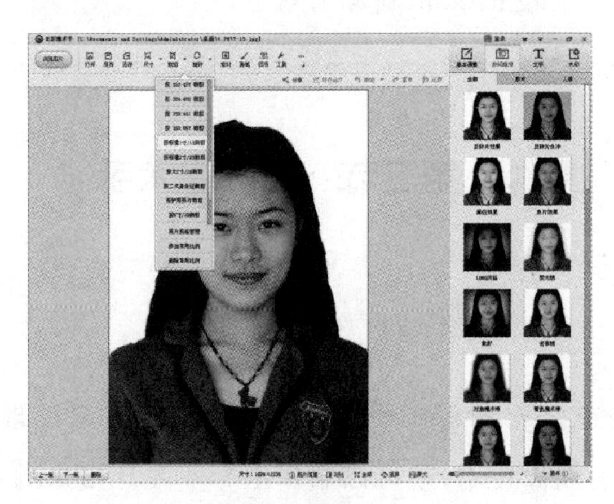

图 7-25　裁剪图片

3. 点击工具栏上的小三角，找到“排版”，点击“排版”，如图 7-26 所示。

图 7-26　排版

4. 打开照片冲印排版页面，在右侧选择一种需要的排版样式，这里选择“8 张 1 寸照片—5 寸/3R 相纸”，如图 7-27 所示。（如果这里没有需要的尺寸，可以自定义模板。）

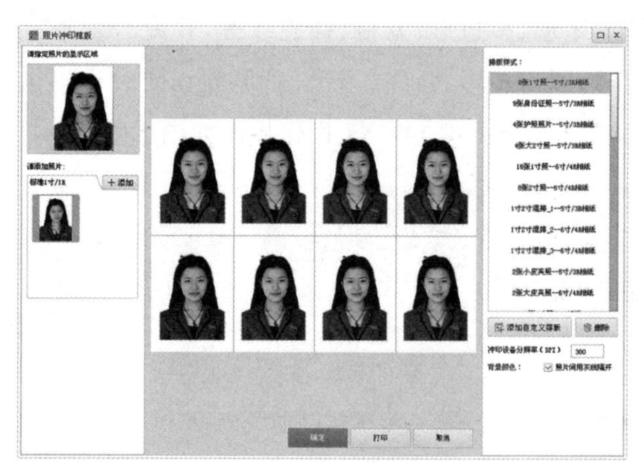

图 7-27　完成排版

5. 为了照片便于裁切，可以设置背景为彩色，单击背景颜色旁边的颜色选择器选择合适的颜色即可，如图 7-28 所示。

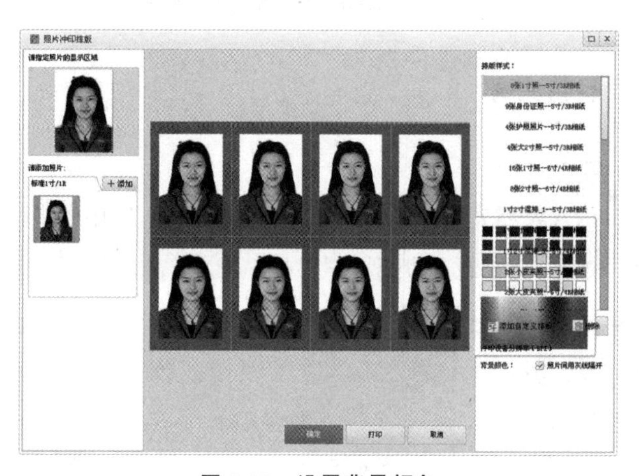

图 7-28　设置背景颜色

6. 保存图片。按照五寸照片进行冲洗，就可以得到标准的一寸证件照。

第三节　CorelDRAW

一、CorelDRAW 简介

CorelDRAW Graphics Suite 是一款由加拿大的 Corel 公司开发的图形图像软件。

其非凡的设计能力广泛地应用于商标设计、标志制作、模型绘制、插图描画、排版及分色输出等诸多领域。除此之外，还广泛用于商业设计和美术设计，深受广大用户喜爱。

CorelDRAW 版本界面设计友好、空间广阔、操作精微细致。它提供了一整套的绘图工具，包括圆形、矩形、多边形、方格、螺旋线等，并配合塑形工具，对各种基本图形做出更多的变化，如圆角矩形、弧线、扇形、星形等。同时也提供了特殊笔刷，如压力笔、书写笔、喷洒器等，CorelDRAW X7 操作界面如图 7-29 所示。

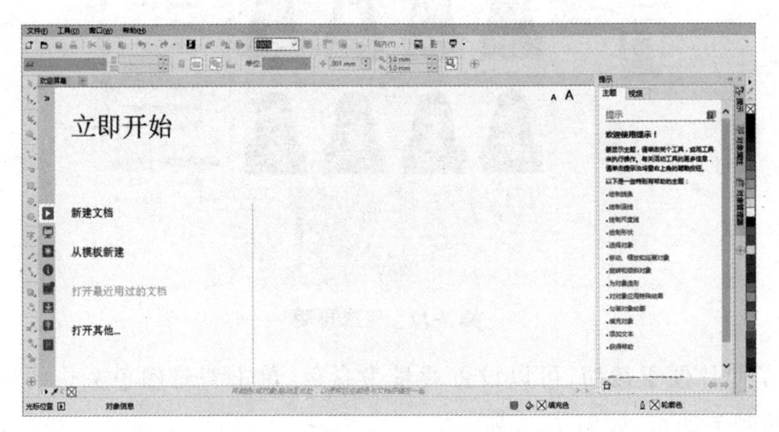

图 7-29 CorelDRAW X7 操作界面

二、CorelDRAW X7 使用案例

（一）简单名片制作

1. 打开 CorelDRAW X7，点击“文件”→“新建图形”，用选择工具选择“纸张类型/大小”→“名片”模板，设置纸张类型为“横向”，如图 7-30 所示。

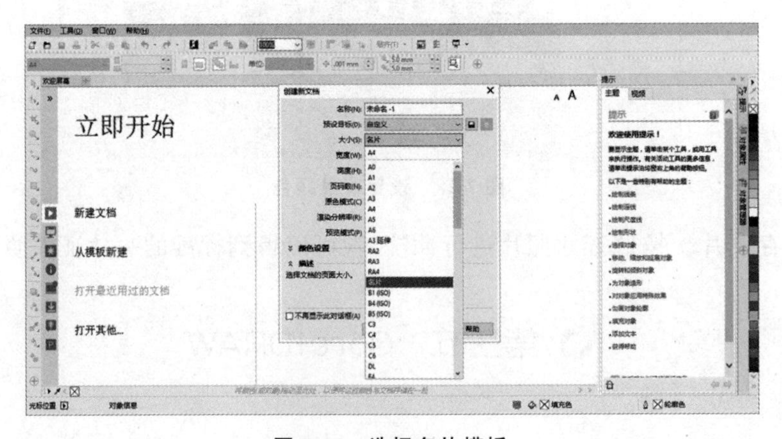

图 7-30 选择名片模板

2. 选择“文件”→“导入”，导入素材或直接制作公司 LOGO 等素材，如图 7-31 所示。

图 7-31 导入素材

3. 输入公司名称、姓名、地址等相关信息，排版如图 7-32 所示。

图 7-32 输入信息

4. 保存图片。

(二) IE 浏览器标志制作

1. 打开 CorelDRAW X7 软件，点击“文件”→“新建图形”，如图 7-33 所示。

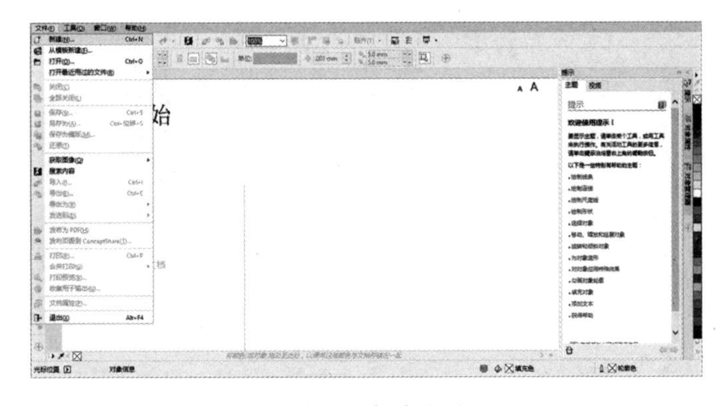

图 7-33 新建图形

2. 单击“椭圆工具”,绘制一个大圆,如图 7-34 所示。

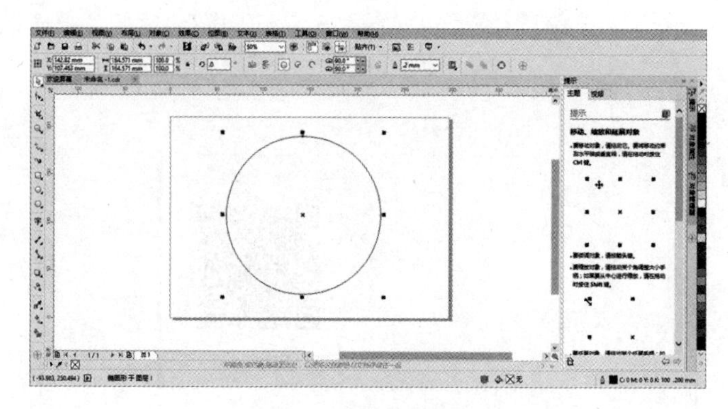

图 7-34 绘制圆形

3. 在大圆内再绘制一个小圆,选择属性“饼形”,角度选为 180。可用“垂直镜像复制”功能(快捷键 Alt+F8),得到下方“饼形”形状,再将得到的饼形向下移动到合适位置,如图 7-35 所示。

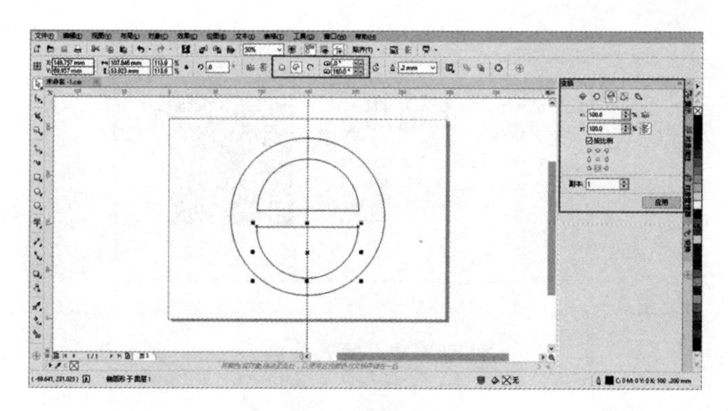

图 7-35 绘制饼形

4. 在“工具箱”内选择“矩形工具”绘制一个矩形,按住 Shift 键单击选中矩形和下面的饼形、大圆形,放到合适位置,选择属性栏中的“后减前”,如图 7-36 所示。

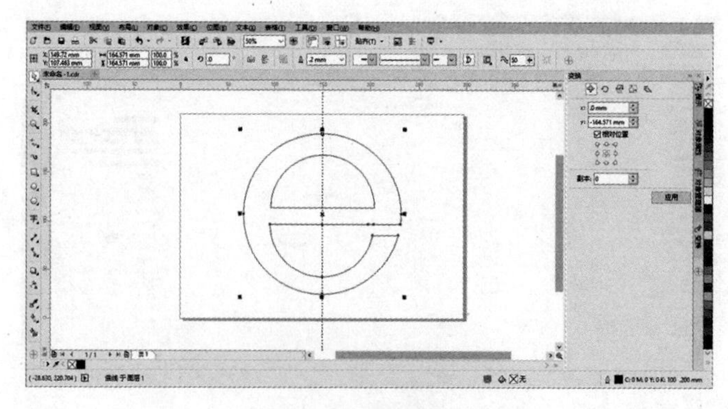

图 7-36 制矩形后

5. 在空白处，选择“工具箱”内的“椭圆工具”画出两个椭圆相交，按住 Shift 键的同时选中两个椭圆，在属性栏中选择“后减前”，如图 7-37 和图 7-38 所示。

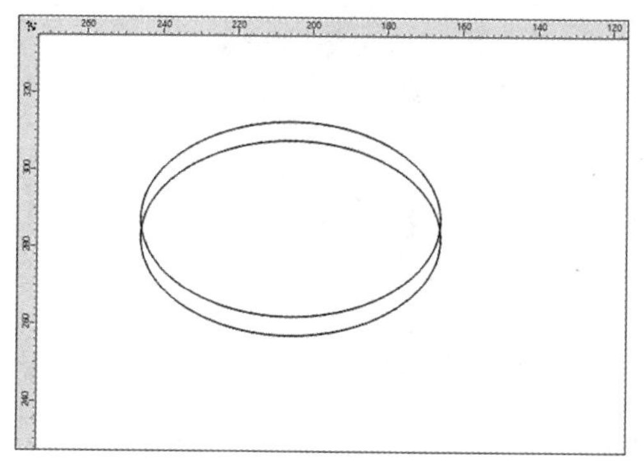

图 7-37　绘制椭圆

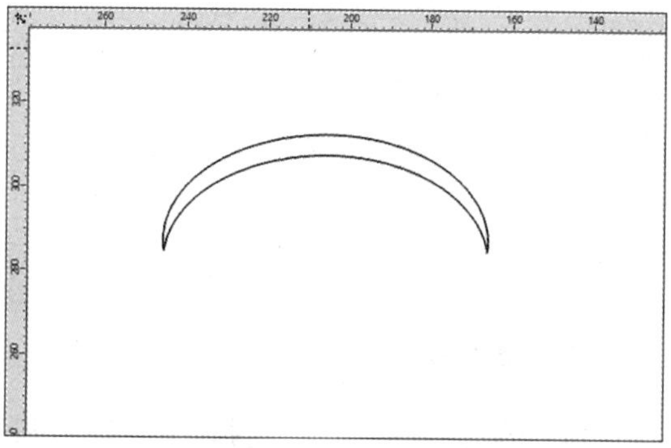

图 7-38　椭圆绘制处理后

6. 将图 7-36 和图 7-38 中的图形，旋转调节大小，放到合适位置，按住 Shift 键同时用鼠标选中所有图形，然后选择属性栏中的“焊接”，如图 7-39 所示。

7. 画一个不规则形状，如图 7-40 所示。

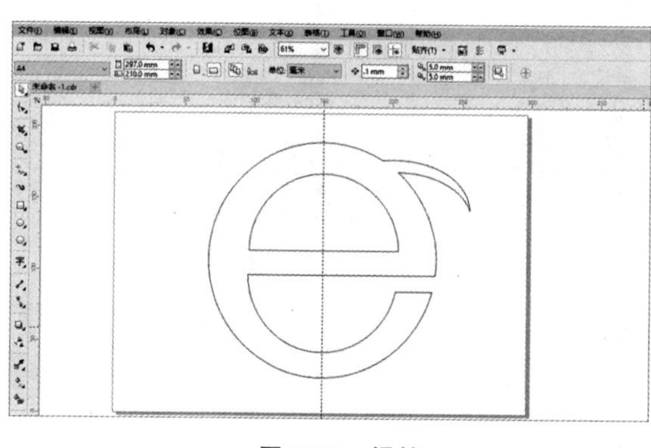

图 7-39　焊接

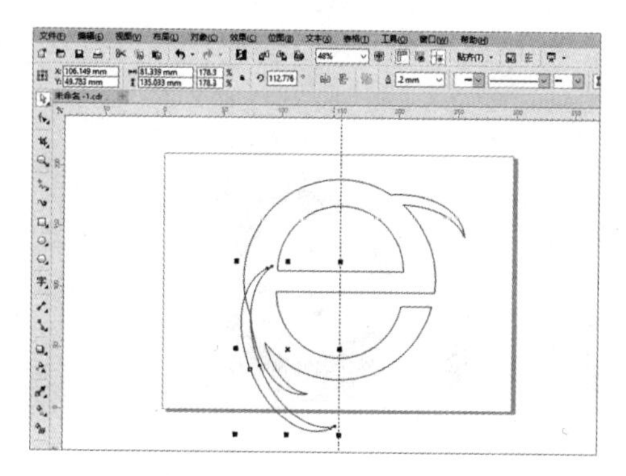

图 7-40　绘制不规则形状

8. 按住 Shift 键的同时用鼠标选中所有图形，单击属性栏中“后减前”，如图 7-41 所示。

9. 选择渐变填充，填充属性如图 7-42 所示，填充色 CMYK 值分别设定为“13，0，81，0”和“73，16，100，0”。

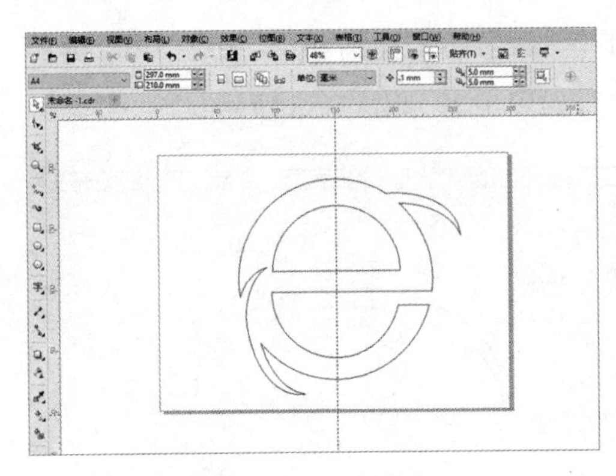

图 7-41　后减前处理后

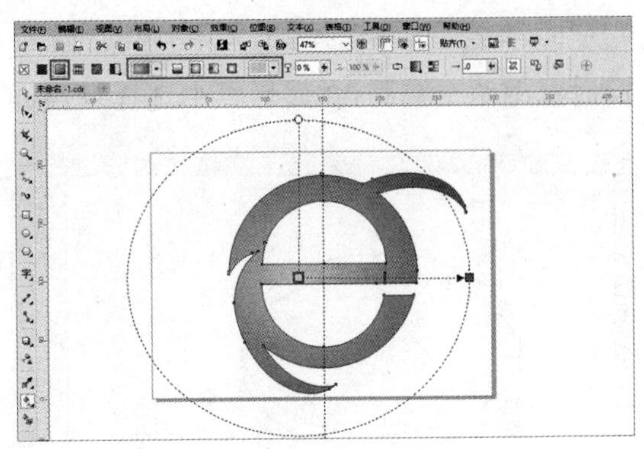

图 7-42　填充参数

10. 单击“轮廓工具”选择“无轮廓”，得到效果图，如图 7-43 所示。

11. 保存图片。

（三）微信图标制作

1. 打开 CorelDRAW X7，点击“新建图形”，绘制两个圆角正方形，设置属性值如图 7-44 所示。

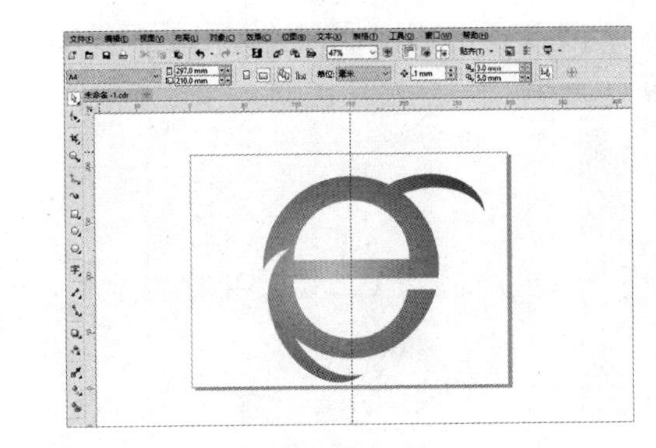

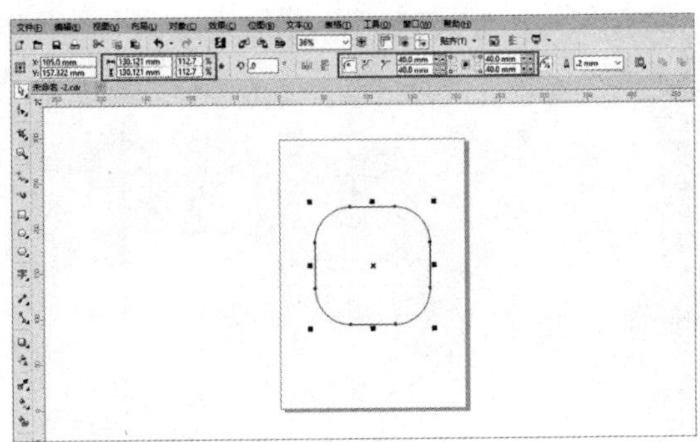

图 7-43　制作完成效果　　图 7-44　绘制图形

2. 调整两个圆角正方形的位置，分别给两个圆角矩形上色，底层为黑色，上层为渐变，渐变填充方式属性设置参数如图 7-45，效果如图 7-46 所示。

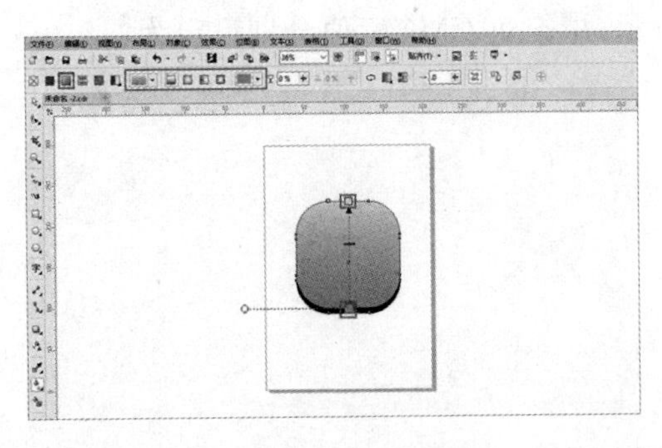

图 7-45　填充参数

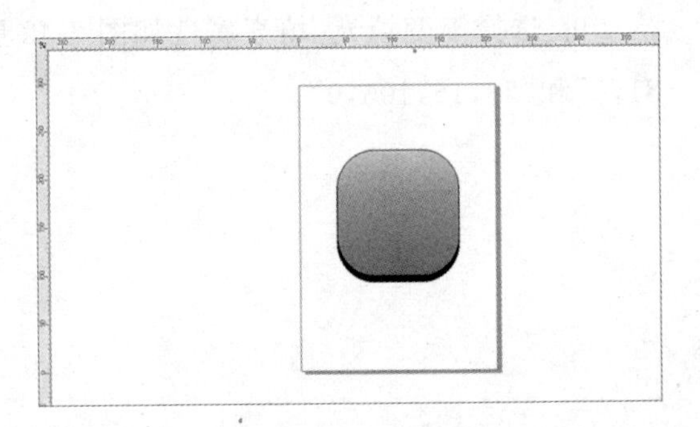

图 7-46　填充效果

3. 绘制一个椭圆，填充白色，如图 7-47 所示。

4. 绘制三角形，调整位置角度，如图 7-48 所示。

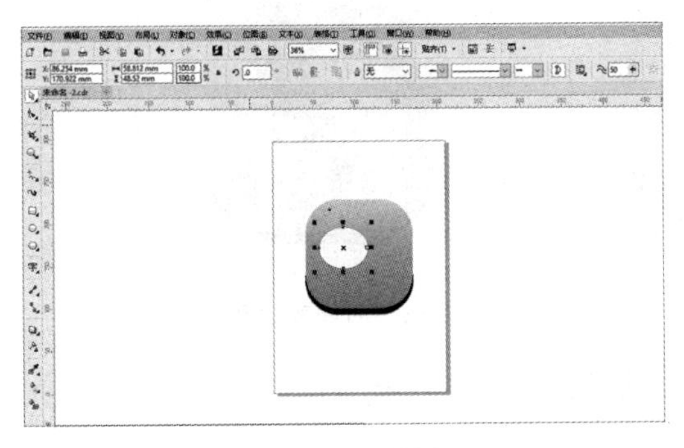

图 7-47　绘制椭圆

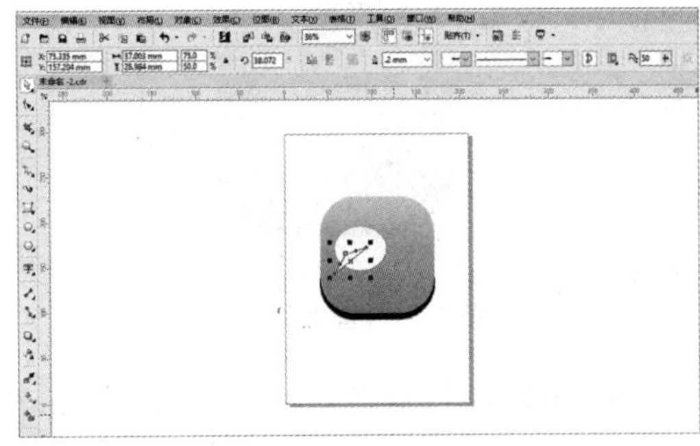

图 7-48　绘制三角形

5. 按住 Shift 键选中所有图形，然后选择属性栏中的“焊接”。

6. 画两个小正圆形，放在如图 7-49 所示的位置。

7. 在工具栏中选择“挑选工具”，按住 Shift 键选中两个小正圆形和不规则图形，然后选择属性栏中的“后减前”，得到如图 7-50 所示。

图 7-49　绘制圆形

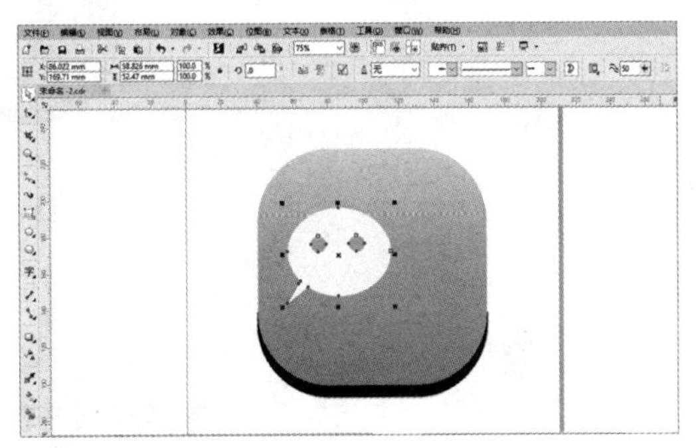

图 7-50　后减前处理后

8. 为了得到最终效果中两个对话气泡中的缝隙效果，首先复制不规则图形，接着同时按住快捷键“Alt+F8”调出变换属性栏，调整参数使变换对称，单击“应用到再制”，如图 7-51 所示。

9. 最后用鼠标选中两个对话气泡形状，单击属性栏中的“后减前”，如图 7-52 所示。

图 7-51　复制图形

图 7-52　后减前处理

9. 再次进行变换对称，调整位置，最终效果如图 7-53 所示。

图 7-53　最终效果

10. 保存图片。

第四节　美图秀秀

一、美图秀秀简介

美图秀秀是一款国产免费图片处理软件，软件的操作相对于光影魔术手、Photoshop 比较简单。美图秀秀独有的图片特效、人像美容、可爱饰品、文字模板、智能边框、魔术场景、自由拼图、摇头娃娃等功能可以让用户在短时间内做出影楼级照片。其功能分为九大模块：美化、美容、饰品、文字、边框、场景、闪图、娃娃、拼图。

二、美图秀秀使用案例

（一）拼图

1. 打开美图秀秀软件，选择要拼接的图片。

2. 打开图片后选择拼图，选择相应的场景，如“海报拼图”，如图 7-54 所示。

图 7-54　海报拼图

3. 在空白处双击继续添加图片，如图 7-55 所示。

图 7-55　添加图片

4. 可以根据不同的场景需要添加不同的图片。美图秀秀具有模版拼图、自由拼图、场景拼图、海报拼图、图片拼接等不同的选择方式。

5. 制作完成保存图片。

(二) 更改场景制作闪图

1. 打开需要制作闪图的图片。

2. 选择工具栏中的动画，如图 7-56 所示。

图 7-56 选择动画

3. 选择自己喜欢的闪图方式，如图 7-57 所示。

图 7-57 选择闪图方式

4. 点击应用，得到最终效果，如图 7-58 所示。

图 7-58　最终效果

5．调节闪图的速度，可以看到照片随之闪烁。

6．制作完成保存图片。

（三）美容

1．打开美图秀秀，左上部分为美图秀秀的各个功能，在中间四大项选择中先选择“人像美容”，如图 7-59 所示。

图 7-59　选择人像美容

2. 打开需要处理的图片，如图 7-60 所示。

图 7-60　打开图片

3. 利用左边的各种功能对图片进行美化：左侧有一系列美容的功能选择，选择自己需要的功能，会弹出相应的页面，如图 7-61 所示。

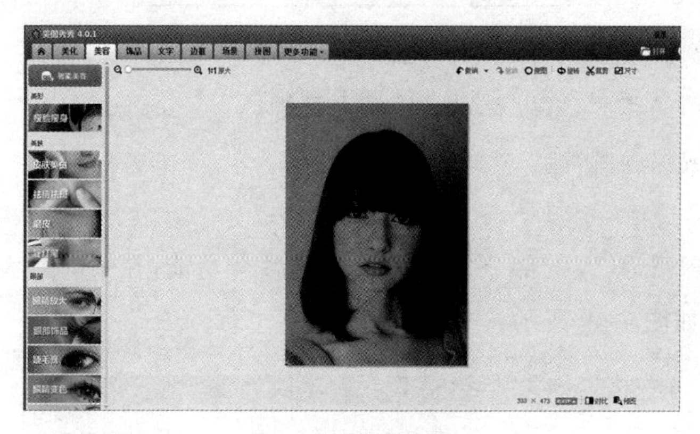

图 7-61　美容功能

以皮肤美白为例，按照左上角中的操作提示进行美白。也可以直接选择右侧的一系列一键美白，如果不是需要对某一个部分进行美白，这是一个良好的选择。在一项美容功能完成后，要选择紫色框中的应用进行保存，如图 7-62 所示。如果对于所做处理不够满意，可以点击取消。

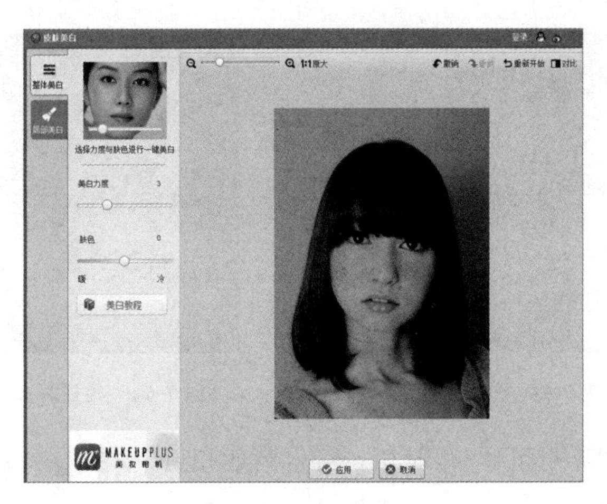

图 7-62 美白处理

4. 处理完成保存图片。

第五节 Photofamily

一、Photofamily 简介

Photofamily 是一款全新的图像处理及娱乐的软件，它不仅提供了常规的图像处理和管理功能，方便收藏、整理、润色照片，同时能够添加声音制作有声电子像册，支持将电子相册打包成独立运行程序、刻录成 CD，为相册和图像添加文字、声音说明，支持播放 mp3 和 wav 等格式的背景音乐，全面拖放快捷操作等。

二、电子相册制作案例

（一）准备

1. 下载并安装 Photofamily 软件。

2. 准备相册需要的照片。

3. 准备相册的背景音乐。

（二）具体制作

1. 打开软件，新建相册柜以及相册。

（1）在主界面的菜单中，选择“文件”→“新相册柜”创建一个新的相册柜，如图7-63所示。

（2）鼠标单击新建的相册柜，给相册柜进行重命名，将其命名为“苏州园林”，如图7-64所示。

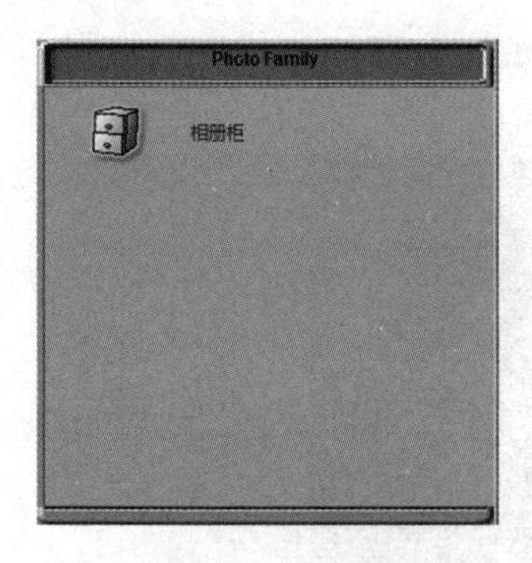

图 7-63　新建相册柜

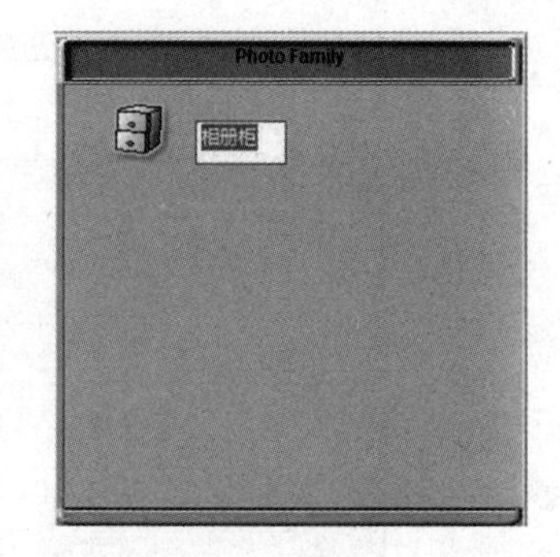

图 7-64　相册柜重命名

(3) 鼠标选中“苏州园林”相册柜，单击“新建相册”按钮，新建一个相册，如图7-65所示。

(4) 鼠标单击新建的相册，给相册进行重命名，将其命名为“苏州园林”。

(5) 选中命名为“苏州园林”的相册，单击鼠标右键在下拉菜单中选择“导入图像”或者选择“文件”→“导入图像”。此时会弹出窗口，如图7-66所示，选中想要导入的照片，单击“打开”按钮。将选中的照片导入相册中。

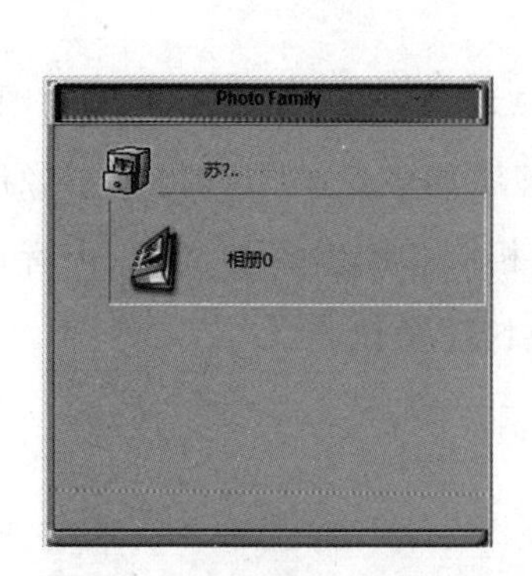

图 7-65　新建相册

图 7-66　导入图像

图片导入后，将会存储在该相册中，以便进行编辑等操作。

双击 Photofamily 工具栏中的相册图标，此时，所导入的图片将会在缩略图窗口中展现，如图7-67所示。

图 7-67　图片缩略图

2. 图片编辑。

(1) 在缩略图窗口中选择要编辑的图片，选中后该图片周围会出现“淡墨绿色”的阴影，如图 7-68 所示。

(2)此时，单击“编辑”按钮，弹出编辑窗口，如图 7-69 所示，可以给照片添加一些效果，直到自己满意为止。

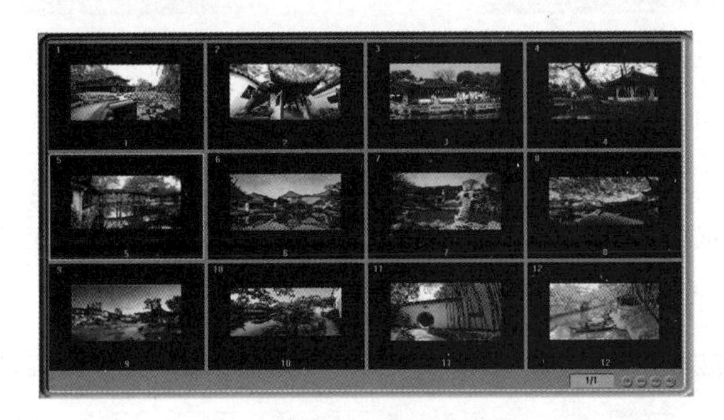

图 7-68　选中图片图

图 7-69　编辑图片

(3) 对选中图片进行编辑。对图片进行“亮度”调节，如图 7-70 所示，在亮度调节界面中选择“light1”，双击该效果，或者点击“应用”按钮，将该特效加到照片上，如图 7-71 所示。

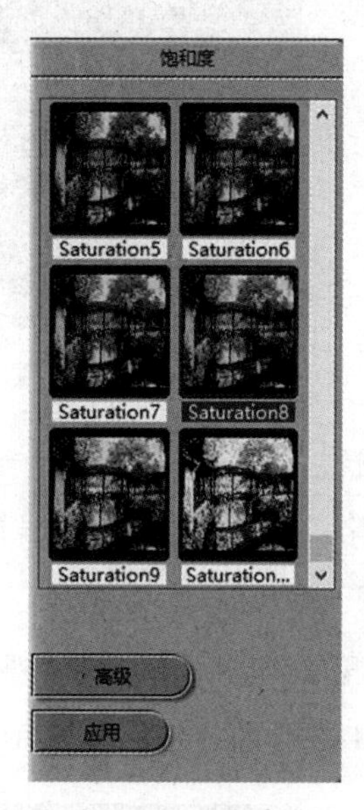

图 7-70　亮度调整

图 7-71　调整后

(4) 再对该图片进行“饱和度”调节。在饱和度调节菜单中选择“saturation8”，双击该效果，或者点击“应用”按钮，将该特效加到照片上。对图像进行编辑修改。

(5) 调整完成后，对修改后的图像进行保存，点击图像编辑页面下方的“保存”图标进行保存。此时会弹出保存窗口，如图 7-72 所示。

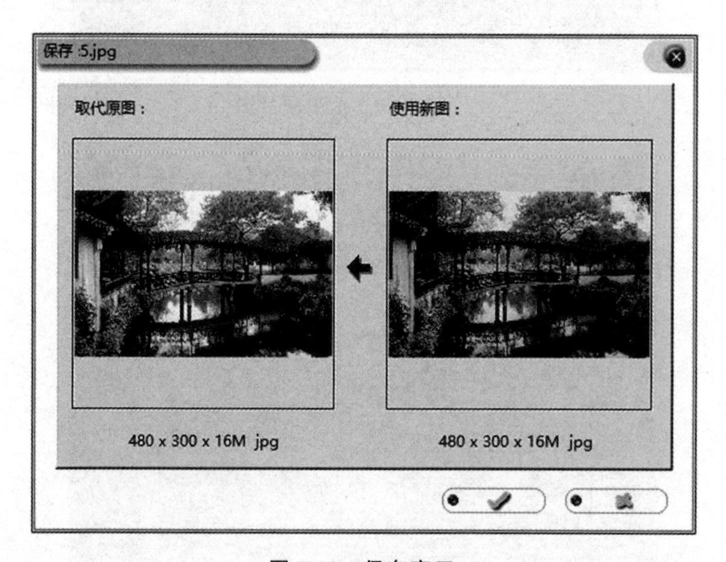

图 7-72　保存窗口

(6) 调节前和调节后对比，如图 7-73 和图 7-74 所示。

图 7-73　调节前

图 7-74　调节后

(7) 完成调节之后，调节后的图片将替代原相册中的图片。

3. 给相册中的图片添加说明注释。

(1) 在缩略图中选中要添加注释的照片，点击“属性”图标，弹出如下窗口，如图 7-75 所示，在窗口的注释区，添加照片的注释信息。在信息输入完成后单击“确定”图标，完成图片的注释。

(2) 给相册添加注释说明，选中 Photofamily 工具栏中的相册图标，点击“属性”图标，弹出窗口，如图 7-76 所示。在窗口的注释区，添加相册的注释信息。在信息输入完成后单击“确定”图标，完成相册的注释。

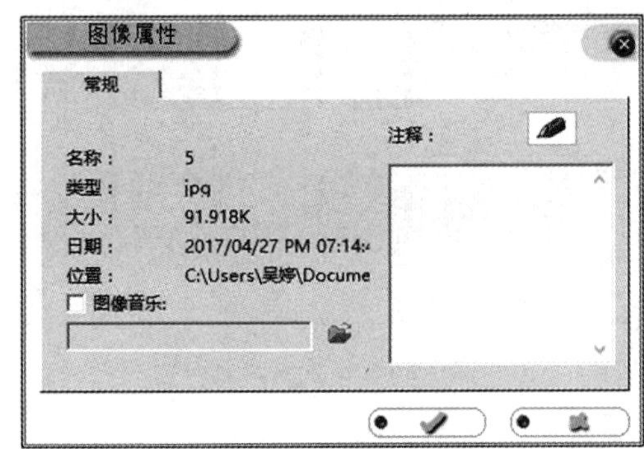

图 7-75　图像属性

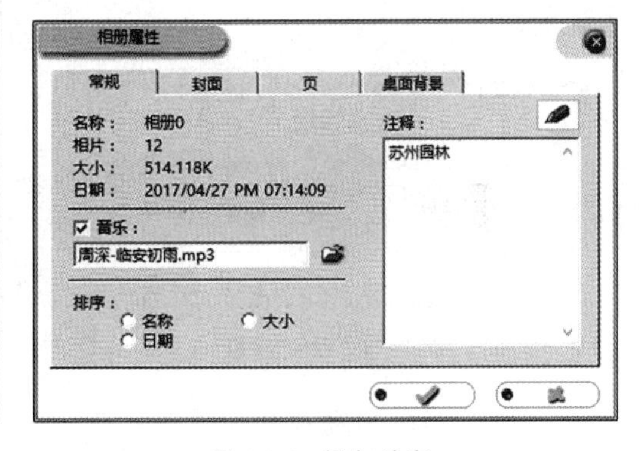

图 7-76　添加注释

(3) 给相册柜加注释说明，选中 Photofamily 工具栏中的相册柜图标，点击“属性”图标，弹出窗口，如图 7-77 所示。在窗口的注释区，添加相册柜的注释信息。在信息输入完成后单击“确定”图标，完成相册柜的注释。

4. 添加背景音乐。

首先，选择要添加背景音乐的相册，点击“属性”图标，弹出相册属性窗口，在相册属性中勾选“音乐”选项，浏览文件夹，选中要添加的背景音乐。单击“打开”，如图 7-78 所示。将选中的音乐导入，作为相册的背景音乐。

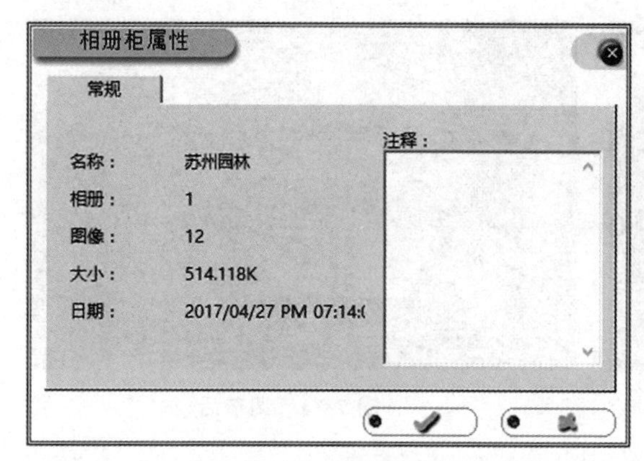

图 7-77　相册属性

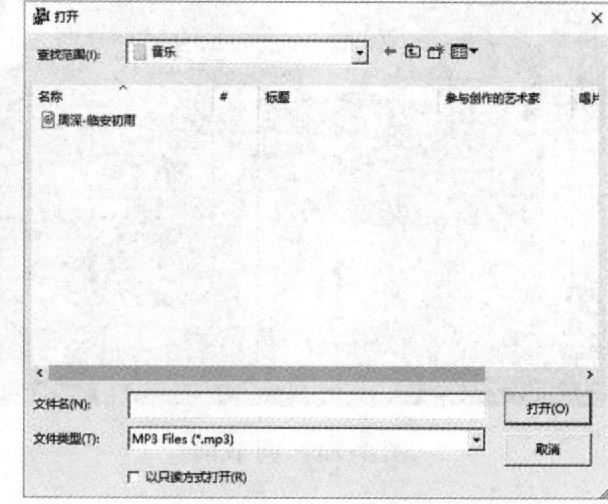

图 7-78　选择音乐

5. 更改背景。

(1) 先选定相册，单击属性图标，弹出相册属性的窗口，找到页面设置项，更改播放“虚拟相册”时相册页面的背景，如图 7-79 所示。

(2) 选定相册，单击属性图标，在弹出相册属性的窗口后，找到桌面背景设置项，更改播放“虚拟相册”时的桌面背景，如图 7-80 所示。

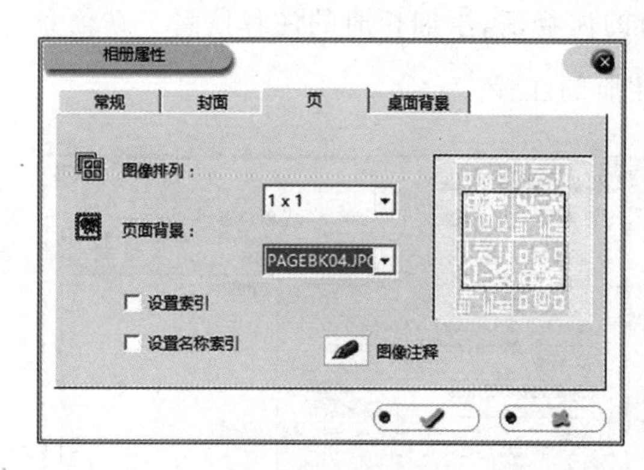

图 7-79　改变背景

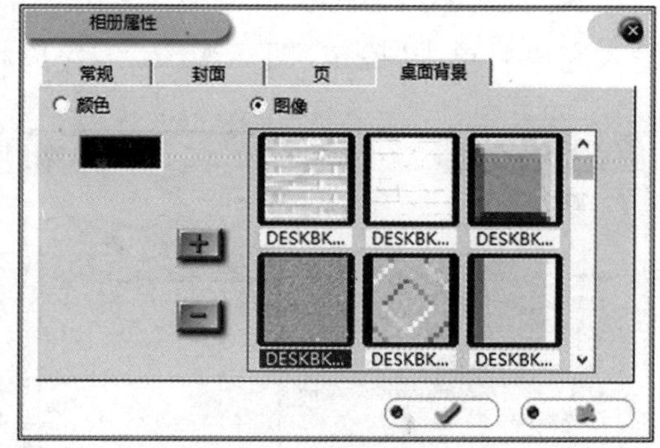

图 7-80　设置桌面背景

6. 更改幻灯片播放的设置。

选中要设置的相册，在主菜单中选择“文件”→“放映幻灯片设置”一项，弹出“自动播放设置窗口”，如图 7-81 所示。在该窗口中，设置幻灯片放映的“时间间隔”“背景”“特效专场”的效果，以及“循环”方式。

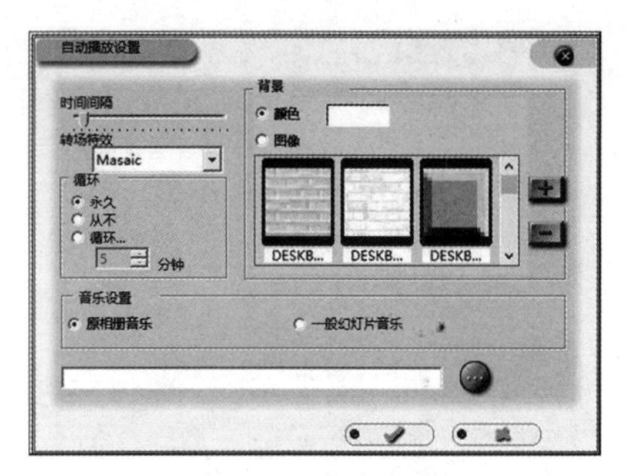

图 7-81 自动播放设置

设置时间间隔为 3 秒，转场特效“Masaic”，循环方式为“永久”，颜色为“紫色”，音乐为“原相册音乐”。

7. 预览相册效果。

在缩略图窗口中，双击相册或者点击“浏览”图标，进入“全屏浏览”模式，观看电子相册的效果，如图 7-82 所示。

在图 7-82 中，点击“图像浏览”图标，进入幻灯片的播放模式，观看电子相册幻灯片播放的效果，如图 7-83 所示。

图 7-82 预览效果

图 7-83 播放模式

8. 打包电子相册。

选中相册，之后在主菜单中选择“工具”→“打包相册”，弹出窗口，如图 7-84 所示。勾选所需选项，对相册进行打包，生成一个“. exe”程序文件，以便在其他电脑上进行观看浏览。

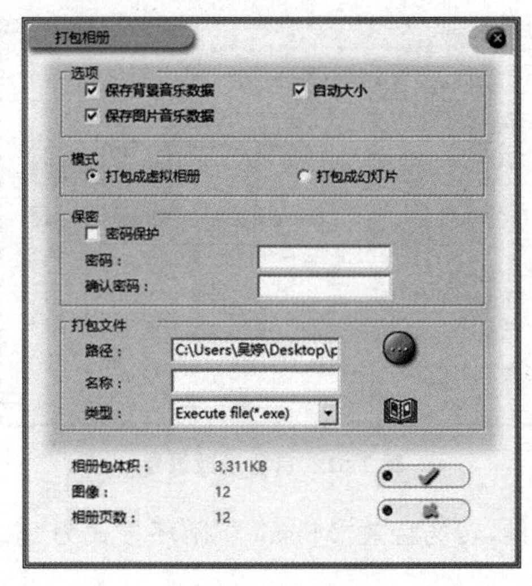

图 7-84　打包相册

注：在这里也可以进行“加密保护”。

知识卡片

其他电子相册制作软件

目前电子相册制作软件比较多，一般操作都比较简单，下面介绍比较流行的两种。

艾奇 MTV 电子相册制作软件：可以把音乐加上 LRC 歌词，配上照片做成 MTV 一样的电子相册视频。用户通过非常简单的操作，就可以把照片融合音乐文件做成各种格式的动画视频，再配上炫彩效果的 LRC 歌词字幕和漂亮的相框和点缀图，可以几分钟内轻松制作属于自己的电子相册 MTV。

狸窝照片视频制作软件：与其他的电子相册制作软件制作不同的是它不用规规矩矩单一的套用模板，应用原理是利用 PPT 幻灯片的制作，将照片套用各种 PPT 背景图片、PPT 模板，也可插入视频、字幕、水印和动画，把照片以音乐视频形式呈现，还可以给视频加片头、片尾。

本章对常见的图片后期处理软件进行了简单的介绍，每款软件都具有各自的优势，在使用过程中可以根据自己的实际需要选择相应的软件。同时，建议深入学习和掌握一两款主流的图片处理软件，如 Photoshop、CorelDRAW 等，这对摄影人员来说是十分必要的。

思考与练习

1. 常见的图片后期处理软件有哪些?

2. 各个不同的图片后期处理软件的主要功能是什么?

3. 除了文中介绍的软件你还了解哪些图片后期处理软件?

参考文献

[1] 王朋娇.数码摄影教程(第3版)[M].北京:电子工业出版社,2013.

[2] Digital Photo 编辑部.完美摄影161法则:数码单反摄影技巧精粹[M].崔雯雯,译.北京:中国青年出版社,2011.

[3] 美国纽约摄影学院.美国纽约摄影学院摄影教材(最新修订版)[M].北京:中国摄影出版社,2010.

[4] 科拉·巴尼克,格奥尔格·巴尼克.摄影构图与图像语言[M].董媛媛,译.北京:北京科学技术出版社,2012.

[5] Don Marr.自然光人像摄影指南[M].张婷,译.北京:人民邮电出版社,2011.

[6] BruceBarnbaum.摄影的艺术[M].樊智毅译.北京:人民邮电出版社,2012.

[7] 张千里.旅行摄影圣经(完美随行版)[M].北京:人民邮电出版社,2014.

[8] 蜂鸟网.蜂鸟摄影学院单反摄影宝典[M].北京:人民邮电出版社,2013.

[9] 李悦.浅析摄影技术性与艺术性的结合[J].才智,2015(1).

[10] 郑疾羽.图片新闻标题的特色及其与传播效果的内在联系[J].新闻传播,2013(10).

[11] 崔伊飞.论摄影艺术与大学生艺术素质培养[J].科技世界,2015(1).

[12] 王君洁.论摄影构图的要素和技巧[J].美术教育研究,2013(1).

[13] 乔芳,吕琛,王婉婷.高校摄影教学中的新探索[J].美术教育研究,2015(1).

[14] 张益福.摄影色彩构成[M].沈阳:辽宁美术出版社,1995.

[15] 伊达千代.色彩设计的原理[M].悦知文化,译.北京:中信出版社,2011.

[16] 约瑟夫·阿尔伯斯.色彩构成[M].李敏敏,译.重庆:重庆大学出版社,2012.

[17] 野村顺一.色彩心理学[M].张雷,译.海口:南海出版公司,2014.

学前教育理论与实践教程　王　维 王维娅 孙　岩 39元
学前儿童数学教育　赵振国 39元

大学之道丛书

大学的理念　[英] 亨利·纽曼 著 49元
哈佛：谁说了算　[美] 理查德·布瑞德利 著 48元
麻省理工学院如何追求卓越　[美] 查尔斯·维斯特 著 35元
大学与市场的悖论　[美] 罗杰·盖格 著 48元
高等教育公司：营利性大学的崛起　[美] 理查德·鲁克 著 38元
公司文化中的大学：大学如何应对市场化压力　[美] 埃里克·古尔德 著 40元
美国交生教育原是认证与评估　[美] 美国中部州交生教育委员会 编 36元
现代大学及其图新　[美] 谢尔顿·罗斯布莱特 著 60元
美国文理学院的兴衰——凯尼恩学院纪实　[美] P. F.克鲁格 著 42元
教育的终结：大学何以放弃了对人生意义的追求　[美] 安东尼·T.克龙曼 著 35元
大学的逻辑（第三版）　张维迎 著 38元
我的科大十年（续集）　孔宪铎 著 35元
高等教育理念　[英] 罗纳德·巴尼特 著 45元
美国现代大学的崛起　[美] 劳伦斯·维赛 著 66元
美国大学时代的学术自由　[美] 沃特·梅兹格 著 39元
美国高等教育通史　[美] 亚瑟·科恩 著 59元
美国高等教育史　[美] 约翰·塞林 著 69元
哈佛通识教育红皮书　哈佛委员会撰 38元
高等教育何以为“高”——牛津导师制教学反思　[英] 大卫·帕尔菲曼 著 39元
印度理工学院的精英们　[印度] 桑迪潘·德布 著 39元
知识社会中的大学　[英] 杰勒德·德兰迪 著 32元
高等教育的未来：浮言、现实与市场风险　[美] 弗兰克·纽曼等 著 39元
后现代大学来临？　[英] 安东尼·史密斯等 主编 32元
美国大学之魂　[美] 乔治·M.马斯登 著 58元
大学理念重审：与纽曼对话　[美] 雅罗斯拉夫·帕利坎 著 40元
学术部落及其领地——当代学术界生态揭秘（第二版）　[英] 托尼·比彻 保罗·特罗勒尔 著 33元
德国古典大学观及其对中国大学的影响（第二版）陈洪捷 著 42元
转变中的大学：传统、议题与前景　郭为藩 著 23元
学术资本主义：政治、政策和创业型大学　[美] 希拉·斯劳特 拉里·莱斯利 著 36元
21世纪的大学　[美] 詹姆斯·杜德斯达 著 38元
美国公立大学的未来　[美] 詹姆斯·杜德斯达 弗瑞斯·沃马克 著 30元
东西象牙塔　孔宪铎 著 32元
理性捍卫大学　眭依凡 著 49元

学术规范与研究方法系列

社会科学研究方法100问　[美] 萨子金德 著 38元
如何利用互联网做研究　[爱尔兰] 杜恰泰 著 38元
如何为学术刊物撰稿：写作技能与规范（英文影印版）　[英] 罗薇娜·莫 编著 26元
如何撰写和发表科技论文（英文影印版）　[美] 罗伯特·戴 等著 39元
如何撰写与发表社会科学论文：国际刊物指南　蔡今忠 著 35元
如何查找文献　[英] 萨莉拉·姆齐 著 35元
给研究生的学术建议　[英] 戈登·鲁格 等著 26元
科技论文写作快速入门　[瑞典] 比约·古斯塔维 著 19元
社会科学研究的基本规则（第四版）　[英] 朱迪斯·贝尔 著 32元
做好社会研究的10个关键　[英] 马丁·丹斯考姆 著 20元
如何写好科研项目申请书　[美] 安德鲁·弗里德兰德 等著 28元
教育研究方法（第六版）　[美] 乔伊斯·高尔 等著 88元
高等教育研究：进展与方法　[英] 马尔科姆·泰特 著 25元
如何成为学术论文写作高手　华莱士 著 49元
参加国际学术会议必须要做的那些事　华莱士 著 32元
如何成为优秀的研究生　布卢姆 著 38元

21世纪高校职业发展读本

如何成为卓越的大学教师　肯·贝恩 著 32元
给大学新教员的建议　罗伯特·博伊斯 著 35元
如何提高学生学习质量　[英] 迈克尔·普洛瑟 等著 35元
学术界的生存智慧　[美] 约翰·达利 等主编 35元
给研究生导师的建议（第2版）　[英] 萨拉·德拉蒙特 等著 30元

21世纪教育科学系列教材·学科学习心理学系列

数学学习心理学　孔凡哲 曾　峥 编著 29元
语文学习心理学　董蓓菲 编著 39元

21世纪教师教育系列教材

教育学基础　庞守兴 主编 40元
教育学　余文森　王　晞 主编 26元

教育研究方法 刘淑杰 主编 45元

教育心理学 王晓明 主编 55元

心理学导论 杨凤云 主编 46元

教育心理学概论 连 榕 罗丽芳 主编 42元

课程与教学论 李 允 主编 42元

教师专业发展导论 于胜刚 主编 42元

学校教育概论 李清雁 主编 42元

现代教育评价教程（第二版） 吴 钢 主编 45元

教师礼仪实务 刘 霄 主编 36元

家庭教育新论 闫旭蕾 杨 萍 主编 39元

中学班级管理 张宝书 主编 39元

21世纪教师教育系列教材·初等教育系列

小学教育学 田友谊 主编 39元

小学教育学基础 张永明 曾 碧 主编 42元

小学班级管理 张永明 宋彩琴 主编 39元

初等教育课程与教学论 罗祖兵 主编 39元

小学教育研究方法 王红艳 主编 39元

教师资格认定及师范类毕业生上岗考试辅导教材

教育学 余文森 王 晞 主编 26元

教育心理学概论 连 榕 罗丽芳 主编 42元

21世纪教师教育系列教材·学科教学论系列

新理念化学教学论（第二版） 王后雄 主编 45元

新理念科学教学论（第二版） 崔 鸿 张海珠 主编 36元

新理念生物教学论（第二版） 崔 鸿 郑晓慧 主编 45元

新理念地理教学论（第二版） 李家清 主编 45元

新理念历史教学论（第二版） 杜 芳 主编 33元

新理念思想政治（品德）教学论（第二版） 胡田庚 主编 36元

新理念信息技术教学论（第二版） 吴军其 主编 32元

新理念数学教学论 冯 虹 主编 36元

西方心理学名著译丛

拓扑心理学原理 [德] 库尔德·勒温 32元

系统心理学：绪论 [美] 爱德华·铁钦纳 30元

社会心理学导论 [美] 威廉·麦独孤 36元

思维与语言 [俄] 列夫·维果茨基 30元

人类的学习 [美] 爱德华·桑代克 30元

基础与应用心理学 [德] 雨果·闵斯特伯格 36元

记忆 [德] 赫尔曼·艾宾诺斯 著 32元

儿童的人格形成及其培养 [奥地利] 阿德斯 著 35元

幼儿的感觉与意志 [德] 威廉·蒲莱尔 著 45元

实验心理学（上下册） [美] 伍德沃斯 施洛斯贝格 著 150元

格式塔心理学原理 [美] 库尔特·考夫卡 75元

动物和人的目的性行为 [美] 爱德华·托尔曼 44元

西方心理学史大纲 唐 钺 42元

心理学视野中的文学丛书

围城内外——西方经典爱情小说的进化心理学透视 熊哲宏 32元

我爱故我在——西方文学大师的爱情与爱情心理学 熊哲宏 32元

21世纪教学活动设计案例精选丛书（禹明 主编）

初中语文教学活动设计案例精选 23元

初中数学教学活动设计案例精选 30元

初中科学教学活动设计案例精选 27元

初中历史与社会教学活动设计案例精选 30元

初中英语教学活动设计案例精选 26元

初中思想品德教学活动设计案例精选 20元

中小学音乐教学活动设计案例精选 27元

中小学体育（体育与健康）教学活动设计案例精选 25元

中小学美术教学活动设计案例精选 34元

中小学综合实践活动教学活动设计案例精选 27元

小学语文教学活动设计案例精选 29元

小学数学教学活动设计案例精选 33元

小学科学教学活动设计案例精选 32元

小学英语教学活动设计案例精选 25元

小学品德与生活（社会）教学活动设计案例精选 24元

幼儿教育教学活动设计案例精选 39元

21世纪教师教育系列教材·专业养成系列（赵国栋主编）

微课与慕课设计初级教程 40元

微课与慕课设计高级教程 48元

微课、翻转课堂和慕课设计实操教程 188元

网络调查研究方法概论（第二版） 49元